安如泰山

——我的安全生产观

展宝卫 | 著

山东人民出版社·济南

国家一级出版社 全国百佳图书出版单位

图书在版编目（CIP）数据

安如泰山：我的安全生产观/展宝卫著 . -- 济南：
山东人民出版社，2021.12
ISBN 978－7－209－13626－6

Ⅰ.①安… Ⅱ.①展… Ⅲ.①安全生产—生产管理
Ⅳ.①X93

中国版本图书馆 CIP 数据核字（2022）第 026557 号

安如泰山——我的安全生产观
AN RU TAISHAN——WO DE ANQUAN SHENGCHANGUAN
展宝卫　著

策划机构：新时代泰山智库研究院

主管单位　山东出版传媒股份有限公司
出版发行　山东人民出版社
出 版 人　胡长青
社　　址　济南市英雄山路 165 号
邮　　编　250002
电　　话　总编室（0531）82098914
　　　　　市场部（0531）82098027
网　　址　http：//www. sd－book. com. cn
印　　装　山东润声印务有限公司
经　　销　新华书店

规　　格　16 开（169mm×239mm）
印　　张　18.5
字　　数　258 千字
版　　次　2021 年 12 月第 1 版
印　　次　2021 年 12 月第 1 次
印　　数　1—20000
ISBN 978－7－209－13626－6
定　　价　69.00 元
如有印装质量问题，请与出版社总编室联系调换。

生命重于泰山

——习近平

序

海晏河清，国泰民安。今年恰逢建党百年大庆，全国上下洋溢着一派节日的气氛和生为华夏儿女的自豪，真切感受到百年大党一路走来的艰辛历程和伟大成就。特别是从事安全生产监管工作，更是亲历了其中的时代变迁，见证了其中的辉煌历程。前几日，泰安市政府原分管安全生产的常务副市长，现在就任省属国企董事长的展宝卫同志和我联系，想把历年来抓安全生产的一些系统思考、创新做法和宝贵的实践经验选编成书，邀请我作序，我欣然同意。

和宝卫同志认识，是在我担任原国家安监总局党组成员兼总工程师、新闻发言人期间，给他们市长培训班作辅导时结缘的。山东省政府分管领导一直把泰安市作为抓安全生产的典型，并向原国家安监总局推荐，我就实地进行了考察。宝卫同志对安全生产的规律性把握、对隐患排查治理的力度、通过科学预防源头治理的创新做法，以及敢抓敢管的硬朗作风给我留下了深刻印象。在宝卫同志分管的近八年时间里，泰安市没有发生一起较大以上事故，实现了"为官一任，不仅造福一方，还要保一方平安"的目标，这在全国都是罕见的，可见工作成效非同一般。泰安市安全生产形势的历史演变，在全国具有典型意义，可以说是山东省乃至全国整体安全生产由乱到治、由被动应对到主动防范、由事故频发到整体稳定、由领域管理向综合治理转变的缩影。生产安全事故频发，源于对安全生产重要性认识不够、生产力水平低下、经济结构不合理、企业主体责任缺失、全民安全意识淡薄等多种因素，对贯彻总体国家安全观、对党治国理政也提出了严峻挑战。党的十八大以来，全国上下以习近平新时代中国特色社会主义思想为指导，将安全生产观融入治理能力体系和治理能力现代化建设大局。习近平总书记做出系列重要批示指示，并亲临现场指导，为全国安全生产监管工作提供了强大思想动力、路径方向和把握遵循，安全生产监管工作进入新时代，走向了正确的轨道。

从党的十八大到十九大这个历史阶段，经过几年的奋斗，全国安全生产形势基本实现了持续稳定好转，这得益于党中央和总书记的坚强领导，得益于各级地方党委政府的贯彻实施，得益于企业主体责任的落实落地，得益于经济结构的优化调整，得益于生产力水平的快速提升，得益于有一支特别能战斗的安监队伍，也得益于全民安全意识和文明素质的全面提升。也正是在这个历史时期，宝卫同志由县委书记到市政府任副市长，由一隅谋划向全局施政，在安全生产方面提出了很多鲜明的观点。比如，经济进入新常态，安全生产也进入新常态。经济新常态标志是中高速增长、中高端发展；安全生产新常态是事故易发多发、事故能防能控。比如，基于对安全生产规律的认识，提出的抓安全生产的基本做法：满怀着对老百姓的深厚感情去抓、不断查隐患做整改、从科学预防的角度研究治本之策、造就一支敢于担当的安监队伍。再比如，关于安监局长的选人标准：把最放心的人，放在最不放心的岗位上。这些观点、做法，在全国都是首创，有些甚至成为安监系统的行业标准和选人用人的重要参考。

宝卫同志分管安全生产工作以来，历年参加的现场会、座谈会、调度会，特别是在生产一线的调研督导，都形成了现场记录。这些字里行间，体现了一名我们党培养的领导干部高度的政治站位、真挚的为民情怀、科学的管理方法、强烈的担当意识、务实的工作作风，展现了党员领导干部的综合素质。此书的出版，既是抓安全生产成功经验的传承，也是一段历史印记的展现，更是一名党培养的领导干部以忠诚、赤子之心，为党的百年华诞献礼之作。

是为序。

黄毅

2021 年 12 月 20 日

目　录

全面整治篇

科学预防篇

攻坚克难篇

初见成效篇

巩固提高篇

深刻认识篇

带着深厚感情抓春运

一年一度的春运工作即将开始。为切实组织好春运工作，应做好以下几点：

一、要带着感情抓春运

春节是中华民族的传统节日，体现的是亲情；春运是中国特色的现象，体现的是国情。春运是我们国家在转型期，在改革开放过程中，在城市化进程还没有达到现代化的程度之前存在的一种特殊现象。搞好春运，既是一种政府行为，也是一种市场行为。作为政府行为，各级政府就应该担负起这份应负的责任，尽到这份义不容辞的义务，带着对人民群众的深厚感情去抓春运。春运大潮中，很大一部分旅客是返乡的农民工，我们设身处地地想一想，有多少老父亲老母亲在期盼着儿女归来，有多少留守儿童在渴望父母回家，又有多少对夫妻在期待尽快团聚。党委政府做工作，宗旨观念固然很重要，如果不是以带着感情的态度去做，认识上就可能不到位，抓工作的主动性就可能不充分。带着感情去抓春运工作，从重视程度上、从工作力度上、从实际效果上都会更好一些。

二、要本着安全第一的原则抓春运

泰安是一座旅游城市。春运期间往来的人员中，既有游客、返乡民工，也有高校学生，成分比较复杂。在出行方式的选择上，既有火车、长途汽车等传统集中形式，也有新近出现的包车、租车、拼车等分散形式，监管疏导的难度日益增大。去年，我市安全形势平稳，是全省四个未发生较大以上事故的市之一，但全年因安全事故死亡的 200 多人中，有 90％ 以上是

3

交通事故导致。春运期间，这方面的矛盾和压力将更加突出。各有关部门特别是公安交管部门一定要本着安全第一的原则，将安全理念贯穿工作始终，以预防为主，从运输监督管理上、从司机的责任意识上做进一步的强化，扎实搞好春运各项工作，确保车辆、人员安全抵达，不出意外。

三、要以充分的准备抓春运

凡事预则立，不预则废。春运工作既复杂又具体，做好春运工作尤其需要周密细致的准备，要求我们思想要到位、物力要到位、人力要到位、服务要到位、应急预案也要到位。要按照国家和省、市工作部署，扎扎实实地把各项准备工作做细、做实。有关部门特别是承担具体运力的车站、运输公司等单位，一定要认真组织做好车辆检修、设备维护、人员培训、线路安排、运力统筹、应急物资储备等工作，以充分扎实的准备迎接春运的到来，切实做到车辆设备运转良好、服务工作周到高效、人车流动安全有序。

四、要各负其责、统一协作抓春运

春运期间，我们面对的将是几百万的人员流动，这不是一个部门可以独自承担的任务。在市政府的统一领导下，各部门既要各负其责，把本职范围内的工作做好，也要统一协作，及时沟通，及时交流，把与本部门相关的工作组织好、协调好，有什么问题，要及时通过春运领导小组办公室协调处理，不能因为政府部门、单位之间的不协调，影响春运工作质量。宣传部门要加大舆论监督和报道力度，特别是对车站服务人员、志愿者、交运部门服务平台等发挥的积极作用要大力宣传，旅客对我们春运工作的反应要及时报道。这体现的不仅是一项工作，更是党委政府对民生的重视、对群众的关心，同时体现一个地方的良好形象。

（节选自2013年1月22日在全市春运工作会议上的讲话，根据录音整理）

新兴煤炭产业的传统本色与时代特色

一、充分肯定煤炭产业对全市经济社会发展的重要作用和重大贡献

煤炭产业是我市的传统产业，多年来为我市的经济社会发展做出了突出的贡献。计划经济时期，煤炭企业讲政治、讲大局，保障了整个社会的正常运转。改革开放后，煤炭行业的发展理念、管理体制、经营方式等各个方面都进行了重大的改革，市场化水平进一步提高、经营管理更加科学、发展活力进一步增强，经济社会效益不断提高，焕发出勃勃生机，在能源支撑、就业拉动、地方财力贡献、社会事业发展等各个方面发挥着不可替代的作用，继续为泰安的发展做出重大贡献，这一点我们必须充分肯定、切实尊重。

二、努力打造传统本色与时代特色有机结合的新兴支柱产业

煤炭产业是传统产业，我们要善待传统产业、尊重传统产业，也要积极地去改造提升传统产业。当前我们面临的产业形势、未来的发展趋势、市场的竞争态势等，都要求我们必须更新思想、转变思路，不能再继续沿用传统的观念、手段和管理办法。我们总的要求是做大做强煤炭主业、积极发展非煤产业。就是说一方面要继续搞好煤炭主业，通过科技创新、管理创新等各种手段，深化资源利用，提升经济效益；另一方面要依托传统优势，充分利用我们成型的管理力量、技术团队、社会资源等，瞄准市场前景好、符合国家产业政策的新兴产业，积极做大做强非煤产业，最终实现壮大规模、增强实力，打造新的核心竞争力。目前，有的企业已经进行了探索，并取得了很好的成效。下一步，煤炭行业应该积极地朝这个方向

来谋划、努力尝试。

我们要看到，煤炭是不可再生的资源，总有一天会枯竭，现有一些小矿就面临着关停、重组。但我们积累的人才资源、创新资源、管理资源不会枯竭，我们应当带着超前性、战略性，本着为子孙后代负责的理念去提前布局、科学谋划，努力把泰安的煤炭产业打造成传统本色和时代特色有机结合的新兴支柱产业，进一步丰富泰安工业发展的整体结构，为推进富民强市、建设幸福泰安做出更大的贡献。

三、坚持抓好安全生产这个"第一要紧"

安全生产工作要坚持"内紧外松"，弦要紧紧绷在心上，事要紧紧抓在手上。煤炭行业有它的特殊性，尤其要把安全生产工作紧紧抓在手上。工作中应注意以下三个方面：

（一）明确"三个定位"

前段时间，山东煤炭安监局来我市通报2012年煤炭行业安全生产情况。当时我说煤监部门有"三个定位"：首先，煤监部门是"钦差大臣"，他们履行安全监管职责是代表国家和人民的利益；其次，煤监部门是"平安菩萨"，他们职能发挥得充分，监督工作干得好，煤矿就能少出事，甚至不出事，职工的生命、企业的利益乃至各级政府的稳定就更有保障；最后，煤监部门还是"忠诚卫士"，他们发现了问题，如果企业整改不彻底、部门纠正不到位，就有权利去执法处置，来捍卫群众的生命安全和党委政府的良好形象。我想这"三个定位"，各级、各企业都应该进一步明确和深化，为煤监部门监管执法创造更好的环境，自觉接受他们的监督，忠实地履行安全生产各项责任，这样我们的安全生产工作就能更有保障。

（二）形成"三个共识"

一是科学发展是主题、安全发展是前提。科学发展其实也隐含了安全这个前提，做不到安全，形不成稳定的基础，任何方面的发展都谈不上。二是转方式、调结构是主线，确保安全生产是底线。我们的主线是转方式、调结构，是巩固主业、扩大非煤产业，但任何工作都不能迈过安全生产这条底线，这是生命线。绝对不能用生命和鲜血来换取经济发展。三是要把矿工不仅仅是作为企业雇员，更重要的是当作家庭成员。从事一线煤炭工作脏、险、苦、累，煤炭产业的发展背后是广大煤矿工人的艰苦付出。表面上企业和矿工是雇佣关系，矿工付出劳动，企业给予报酬。但在中国、在山东、在泰安决不能简单地用这种市场化的观念来认识二者的关系。深层次里企业和矿工应该是家庭和家人的关系，这才能真正体现党群关系、干群关系。

（三）加大"三个投入"

多年来各个企业、各位矿长抓安全生产已经有了丰富的经验，我想再强调以下三方面的投入。一要加大感情投入。煤矿工人时时面临各种地质自然灾害、危险因素的威胁，对安全有着最为强烈的感受和渴望。要把他们当成亲兄弟一样，设身处地地考虑他们的安全。二要加大经费投入。抓安全生产不能吝惜资金。超前谋划、防患未然投的是小钱，出了事再亡羊补牢花的就是大钱，甚至花多少钱也无法弥补。所以说该投入资金的一定要舍得投入。三要加大科技投入。安全生产本质是人的安全，井下少一个人，就能减少一个隐患，减少一分风险，真出了问题也能少一个破碎的家庭。必须不断提升行业科技含量，提高自动化作业水平，用科技来保障人、靠设备来减少人，最大限度地保障矿工生命安全。

四、大力加强煤炭行业领导班子建设

有关县（市、区）要抓好煤炭行业管理部门的班子建设，选派政治大局观好、业务能力强的优秀干部，充实煤炭部门领导班子，把煤矿管好、把安全抓好、把行业发展好。各个企业、各个煤矿更要抓好领导班子建设，尤其是主要负责人要切实负责。我们办的是矿，但展现的是个人的党性、人品。各位矿长、企业负责人都是优中选优，无论是政治素质、个人品行、敬业精神都很令人满意，今后要继续强化自身建设，从政治观念上、业务素质上、为职工服务的理念上和科技管理水平上等各个方面做进一步的提升。我想，只要我们班子建设抓得好，选用负责任的、有党性有良心的好矿长、好负责人，市委市政府就会更放心，我们的职工也更会把企业当成自己的家，共产党领导下的社会主义制度的优越性也会得到更充分的体现。

市委市政府发展泰安工业的决心很大。煤炭行业作为泰安工业的重要组成部分，下一步还要继续发挥重要的作用。我们一定要齐心协力，努力实现煤炭行业主业和新兴产业齐头并进、加快发展，来支撑起泰安工业的大好局面。

（节选自 2013 年 2 月 28 日在全市煤炭工作会议上的讲话，根据录音整理）

创新"三法"

一要强化新理念。一是要强化科学发展是主题，安全发展是前提的理念。做不到安全，形不成稳定的基础，任何方面的发展都谈不上，更谈不上科学发展。在推进各项工作的同时，一定要进一步突出安全生产工作的地位。二是要强化转方式调结构是主线，确保安全生产是底线的理念。我市传统产业多，转方式调结构任务重，在转型过程中，随着产业的更新、技术的升级、设备的换代，也容易产生安全隐患。一定要坚守安全生产这条底线，绝对不能用生命和鲜血来换取经济发展。三是要强化经济指标增长是政绩，安全生产数据下降也是政绩的理念。要树立正确的政绩观，把安全生产工作融入科学发展大局中去布局，放到全市工作大局中去谋划，努力实现有质量、有效益、可持续发展。

二要采取新举措。政府监管安全生产要积极地推陈出新、创新手段，采取专业化、职业化、科学化的举措。所谓专业化，就是要坚持"谁主管、谁主讲，谁主体、谁主办"，充分调动安全监管专业部门的力量；所谓职业化，就是具体负责安全监管工作的同志要提升业务素质和管理水平，都能成为安全领域的行家里手；所谓科学化，就是监管措施要遵循发展规律，符合客观实际，抓住问题本质去开展工作。通过优化监管机制，创新监管举措，将安全生产监管责任和任务落实得更加深入、更加到位。

三要提出新要求。作为一级政府，抓工作要抓全局。各个企业、各个领域生产经营活动进入旺季，新开工工程、项目较多。这个大局下，各级各部门各单位要毫不松懈地坚持抓好安全生产。总的要求是：开足马力搞生产，不能忘记安全生产；塔吊林立搞建设，不能忘记安全生产；车水马龙搞运输，不能忘记安全生产；热热闹闹搞商业，不能忘记安全生产；络绎不绝搞旅游，不能忘记安全生产；风和日丽抓休闲，不能忘记安全生产；即使平安无事无大事，全市上下也不能忘记安全生产。安全生产工作不能挂在嘴上，也不能贴在墙上，更不能浮在面上。各级监管部门、责任主体、相关单位要将安全生产这根弦紧紧绷在心上，具体的事时刻抓在手上，从细节做起、从小事抓起，切实将安全生产工作落到实处，为泰安的经济社会发展、为各项工作的顺利推进、为人民群众的安居乐业提供平安有序的良好环境。

（节选自 2013 年 3 月 25 日在全市安全生产电视会议上的讲话，根据录音整理）

扪心"三问"

就安全生产工作，各级政府、各个部门都应思考几个方面的问题：

一是为什么在大家普遍认为对安全生产认识很深刻的情况下，反而因为认识不到位而出现问题？哪一个领导干部、哪一个企业也不会承认对安全生产不重视、不关心。但一旦出现事故，尤其是重特大事故，几十条生命就可能瞬间消逝，造成惨痛而无法挽回的损失，这是很简单的道理。所谓的认识不能仅仅挂在嘴上、贴在墙上，更不能浮在面上，要真正放在心上，落实到具体工作上。

二是为什么在对安全生产如此高压的态势下，还有个别企业因为放松管理而出现问题？就是因为安全生产的意识不够强化，政府监管作用、企业主体作用、社会监督作用都没有得到很好的发挥。强烈的安全生产意识体现的是对生命的尊重，是人类文明的标志。如果每个单位、每个职工都能真正把安全摆到第一位，发现不规范的地方能坚决地、没有后顾之忧地去抵制，发生事故的时候就可能减少一个生命的损失，也就避免了一个家庭的悲剧。

三是为什么在出现问题之后，我们才去接受所谓的教训？总结教训很容易，每次的总结都思路清晰、逻辑严密、头头是道，但重要的是能不能对号入座、落实责任，做到未雨绸缪、防患未然。这就要求各级各部门各单位，特别是主管部门、监管部门和企业主体真正肩负起各自的责任。

要结合"安全月"活动，采取一些针对性的手段，就认识问题、责任问题、措施问题、工作配合问题等各个方面进一步强化，做到统一思想、统一步调、统一行动。

一要横到边纵到底，一抓到底。从企业主体的"点"，到行业主管的

"线",到政府监管的"面",都要进一步地梳理排查、细化分工、明确责任,确保安全生产监督管理的幅度和深度,决不允许有任何环节、任何点位的缺位和遗漏。

二要死看死盯死守,形成长效机制。所谓"死看",就是看企业主体责任履行情况,有没有建立科学规范的安全生产制度,事故防范措施是否得到有效的执行。所谓"死盯",就是看各级各类责任是否得到落实,包括企业内的岗位责任。安全生产责任必须到人头,不能大而化之。所谓"死守",就是企业的薄弱环节、重点隐患必须限期解决。我们开展安全生产工作不总结成绩、不评选优秀,实行"末位"治理机制。每个县(市、区)要尽快筛选出三到五个对安全生产不重视、内部生产管理混乱、安全责任落实不到位的企业作为反面典型,逐个制定对策、挂牌治理,屡次整改仍不到位的坚决依法关闭。这是原则性问题,没有丝毫可以探讨的余地,我们宁肯关掉企业,影响 GDP 的增长速度,也决不能损害群众的生命安全。

如果说在优化环境促进企业发展方面,政府是提供服务的话,那么在安全生产监督管理方面,政府就是要坚决行使人民赋予的庄严权力。各级各部门一定要把安全生产紧紧绷在心上、抓在手上,扎扎实实地做好每一个环节、每一个领域的工作,切实维护人民群众的生命财产安全,无愧于一方百姓对我们的信任和重托。

(节选自 2013 年 5 月 27 日在全市安全生产电视会议上的讲话,根据录音整理)

落实"三抓"

围绕如何真抓、如何持之以恒抓安全问题，我思考有以下几个方面：

一要解决好自觉抓、敢于抓和科学抓的问题。"自觉抓"是认识问题。全国会议部署的安全大检查，要求覆盖"三个所有"，即所有的地区、所有的行业和所有的生产经营单位。党和政府对安全生产认识的强调已经无以复加、无以言表，必须成为各级各部门的高度共识，进而转化为自觉行动。"敢于抓"是态度问题，要着眼于整个发展环境，辩证、客观地看待安全生产的重要意义。如果说在优化环境促进企业发展方面，政府需要提供周到服务的话，那么在安全生产方面，政府就是要坚决行使监督管理的权力。这是原则性问题，要敢于抓、敢于负责。"科学抓"就是真抓、持之以恒抓的问题。今后我们工作的四个重点：如何排查隐患、如何打非治违、如何专项治理、如何源头把关。这些方面都要形成一整套完备的方法，用科学的方法和手段来抓安全生产。

二要进一步明确两大责任。对于发生在吉林的火灾事故，国务院的定性很明确：企业的主体责任不可逃避，政府监管责任不可推卸。我们吸取事故教训要联系实际、对号入座。作为政府的监管，要横到边、纵到底、一抓到底，确保监督管理的幅度和深度。这就涉及监管队伍建设的问题。各个县（市、区）一定要选好一个局长，配强一套班子，建好一支队伍，为安全监管提供坚强的组织保障。唯有这样，才能让政府首长放心、让分管领导放心，最重要的让人民群众放心。作为企业主体，就是死看死盯死守，形成长效机制。看就是看规范，督促企业健全安全生产制度；盯就是盯责任，明确从负责人到一线职工每个岗位的责任；守就是守问题，对每个企业排查出的薄弱环节和重点问题，必须挂牌督办，限期解决。

三要结合全国、全省、全市大检查，搞好自查自纠。就像查体一样，各县（市、区）、各重点领域主管部门对本地区、本领域存在的问题进行自查，并借助大检查的契机搞好完善提升，确保万无一失。安全生产工作要少说多做，少报喜多报忧。安全生产监管就是针对隐患问题和后进单位，采取倒逼机制，重点查问题人、问题岗位、问题事件和问题单位，并实行动态管理。各级各部门要正确看待市政府这一决策，我们最终目的是真正解决问题，确保安全。

（节选自 2013 年 6 月 7 日在全市安全生产电视会议上的讲话，根据录音整理）

探索建立科学预防体系

安全生产管理工作中存在的问题及解决方案:

一、存在的问题

一是认识的深度问题。目前,对安全生产重要性的描述是"极端重要",已经无法用语言再进一步强调。说到安全生产,没有一个领导干部、一个企业会承认不重视、不关心。但是从面上看,一些行业、一些单位对安全生产工作仍然存在说起来重要、做起来并不重要,有时重要、有时并不重要,出了问题重要、不出问题时就不重要,上级来检查时重要、不检查时就不够重要的现象。说到底,仍然是认识不够到位、不够深入。二是管理的幅度问题。随着经济社会的发展,随着市场经济的日益成熟和活跃,每天都有大量的企业涌现,同时也有大量的企业破产注销、退出市场。以企业为主要对象的安全监管工作面临的形势日益复杂。加之现有的安全监管人员不足、力量有限,在管理幅度上存在心有余而力不足的困惑,难以完全实现横到边、纵到底的管理覆盖,同时监管网眼大、兜底难,尤其是网吧、歌厅、小餐馆等体量小、位置偏、变更频繁的小单位难免存在漏网隐患。三是落实的力度问题。从中央到地方,从大企业到小单位,制订的大检查方案几乎是一模一样,工作的针对性不足,落实力度也就无从谈起。一再要求各级各单位要搞好自查。自查是基础、是关键、是内因,各种检查是督促、是压力、是外因。外因唯有借助内因才能真正发挥作用,安全生产问题最终还是要靠本级本单位来解决。目前来看,各责任主体搞好安全生产的自觉性、积极性还没有完全动员和发挥,工作落实力度还得不到保障。四是管理执法的难度问题。泰安市有一支良好的安监工作队伍，重点行业、各个企业也都建立了专职的安监工作力量。在管理执法方面做了大量的工作，也确实整治了很多问题和隐患。但与严峻的形势相比、与艰巨的任务相比、与繁重的工作量相比，安监工作队伍的力量仍显薄弱，人员素质参差不齐，技术力量、专业人才、设施装备等各方面软硬条件都有不足，导致安全管理执法的难度仍然较大。这四个方面问题就是制约我市安全生产形势保持持续稳定的主要瓶颈。

二、解决方案

通过对以往工作中经验做法的总结和提炼，对事故教训的回顾和反思，尤其是对开展安全生产大检查以来共性问题和普遍难题的深入剖析，下一步要从以下四个方面做进一步的改进和提高：一是深刻反思、举一反三，把对安全生产极端重要性的认识转化为实实在在的自觉行为。在全国全省安全生产电视会议上，我们看到了外省、外地重大事故的惨痛教训，我们不禁提出：为什么在大家普遍认为对安全生产认识很深刻的情况下，反而因为认识不到位而出现问题？为什么总要在惨痛事故发生后才去接受教训，而不是通过平时扎实有效的工作去总结经验？为什么在对安全生产如此高压的态势下，还有个别企业因为放松管理而出现问题？说到底还是真抓不真抓、敢抓不敢抓、会抓不会抓的问题。所以我们提出：对安全生产要敢于抓、要自觉抓、要科学抓、要持之以恒抓，各级领导干部要带着深厚感情去抓安全生产，要带着高度的党性和个人的良心去抓安全生产，要带着科学的态度和坚韧不拔的毅力去抓安全生产。通过对思想认识的大检验来促进对安全生产的大检查。二是把握规律性，实行倒逼制，努力从源头上解决问题。安全生产事故的发生有一定的规律性，凡到重要会议、节假日期间，各级都高度重视的时候，事故发生就少；凡是将安全生产融入企业核心文化，使之成为每个员工自觉行为和本能行动的企业，事故发生就少。根据这种规律性，我们建立安全生产倒逼机制，把工作重心放在那些对安全生产不重视、安全制度不规范、安全措施不落实的企业，用主要的精力来查重点问题、查重要隐患、查薄弱环节、查后进单位、查死面死角，通过查后进、补短板，努力从源头上解决问题，实现安全管理整体水平的提升。三是关口前移、重点下移，探索建设科学预防体系，寻求治本之策。关口前移，就是把事故预防放在首位，在人力、物力、财力上早谋划、早投入，防患未然。重点下移，就是抓好基层基础建设，夯实基础，固本强基。科学预防体系就是将各项安全监管和事故防范措施科学化、系统化。都说安全生产责任重于泰山，泰山脚下的泰安市应当在安全生产领域成为一个代表、一个符号。近期，我们在探讨一个课题，即以泰安市为例，基于"安如泰山"文化品牌下的地方政府安全生产、科学预防体系建设问题。作为一级政府，在安全生产方面不能被动应付、疲于奔命，必须要建立一个科学的预防体系，以腾出精力去谋划经济社会事业的发展。这个体系的建设是个系统工程，包括思想理念体系问题、责任管理体系问题、基础管理体系问题、科技支撑体系问题、隐患排查体系问题、监察执行体系问题、标准规范体系问题、制度保障体系问题、应急处置体系问题和考核奖惩体系问题等，我们正在逐个破题研究。我们下决心一定把科学预防体系建好，从根本上解决问题，把"安如泰山"这个品牌打响。四是加强专业队伍建设，为安全生产形势持续稳定提供坚强的组织保障。无论领导如何重视、无论上级怎样督导、无论会议如何强调，安全生产工作最终还是需要具体的人来抓、需要专业的队伍去落实。对安监工作队伍，我们有三个定位：一是"钦差大臣"。如果说在优化环境促进企业发展方面，政府是提供服务的话，那么在安全生产监督管理方面，政府就是在行使人民赋予的庄严权力，没有任何商榷的余地。安监工作队伍就是代表党和政府行使这一权力的"钦差大臣"。二是"平安菩萨"。唯有安监队伍建好建强，切实发挥作用，社会才能稳定、经济才能发展、事业才能进步，人民群众才能安居乐业。三是"忠诚卫士"。任何一个单位、任何一个企业在安全生产方面存在问题，安监队伍就有责任、有权力去纠正、去处置，来捍卫人民群众的生命安全和党委政府的良好形象。按照"选好一个局长、配强一个班子、建设一支铁的队伍"的思路，在领导干部选配、专业人才引进、科技力量投入、装备水平提升等各个方面予以强化，把安监队伍建强、建好，确保安全生产工作有人管、能管好、管到位。

（节选自 2013 年 7 月 17 日在全市安全生产工作会议上的讲话，根据录音整理）

唯有这项工作才是极端重要

一、关于安全生产大检查

（一）怎样认识大检查

近几年来，在各级各地推进科学发展的过程中，因为安全生产出了重大问题，尤其是前段时间密集发生了几次重特大安全事故，给人民群众生命财产安全造成了惨痛而重大的损失。习近平总书记、李克强总理分别作了严正批示。在此背景下，国务院决定在全国范围内开展一次全覆盖式的大检查。安全生产工作是与经济社会发展相伴而生、不得不抓的工作，超前抓还是被动抓、会抓还是不会抓，效果完全不一样。我想这与各级领导干部的事业心、责任心、政绩观都有关系。大检查虽然是带有临时性、阶段性的工作，但也是寻求治本之策和源头治理的契机。我们必须借这个机遇，把长久以来工作中不好解决的顽疾解决好，把安全生产工作扎扎实实地搞好。

（二）怎样搞好大检查

国务院对这次大检查的要求是"全覆盖、零容忍、严执法、求实效"。所谓全覆盖，就是全国所有地区、所有行业、所有生产经营单位都要纳入检查范围；零容忍，就是眼里容不得沙子，再小的问题、再小的隐患都不放过；严执法，就是下定狠心、不惜代价，坚决惩治非法违法行为，绝不姑息包庇；重实效，就是要真正解决隐患、杜绝问题、预防事故，不能再出问题。这十二字的要求落实到具体工作中，就要切实搞好"六查"：一是面上督查。落实属地综合监管责任，党委政府一级抓一级，严格开展面上的督导检查。二是行业普查。落实所有行业主管部门的监管责任，分行业、分领域进行全面检查。强化检查的专业性和针对性，重点解决各行业、各领域安全生产通病难题。三是单位自查。自身的问题自己最清楚。要落实生产经营单位主体责任，发挥企业安全生产主观能动性，深入搞好单位自查自纠。这是搞好安全大检查的基础和保障。四是随机抽查。受时间和工作力量的限制，我们不可能逐个企业、逐个单位检查，就通过抽查的方式，确保工作落实有效。抽查的面必须要广，要突出随机性，不能只检查好的，更要检查差的。五是隐患暗查。突出高危时段、重点行业和关键岗位，采取暗查的方式，看隐患整改效果，看安全规范落实情况，看人员是否在岗在位。六是责任严查。不管谁出了问题，坚决从严处理。我们就要抓一两个典型，通过以小见大的方式，看到底哪些单位、哪些企业、哪些责任人没有履行应负的责任。这"六查"的措施要结合、交叉进行，作为倒逼机制的一个延伸。能否利用大检查的机会，把底子摸清摸透，把重点隐患消除好，把安全生产工作推向平稳发展的新阶段，关键就看"六查"的力度和成效。

（三）怎样评价大检查工作成效

大检查是当前我们首要的任务，是不是取得了成效，不仅是看纸上的方案，不仅是看表上的数字，更不是仅看墙上的宣传标语，关键看排查了多少问题、解决了多少隐患，最终看全市安全生产整体形势是不是平稳、出不出问题。安全生产方面我们不宣传经验、不总结成绩、不争当典型、更不开现场会。安全生产需要的是紧紧绷在心上、牢牢抓在手上，谁工作开展得好，上级领导有个数、自己心里有杆秤就行了。

二、关于安全生产月督导工作

（一）为什么要开展月督导

实行安全生产月督导机制，是综合三个方面考虑而采取的工作措施。一是结合大检查活动的开展。月督导是安全生产"六查"中市政府"面上督查"的重要内容之一，是市政府考察评价各县（市、区）大检查工作成效的重要手段。二是结合安全生产管理工作倒逼机制的实行。月督导为各县（市、区）提供了相互学习的平台，也提供了相互比较的平台，工作做得扎实与否、效果好坏，大家都一目了然，进而倒逼后进县（市、区）争先进位。同时，月督导的重点也是后进单位。三是结合工作中规律性问题的探讨。月督导的过程是各县（市、区）相互交流、共同总结经验的过程，也是分析共性难题、研究解决办法、探讨工作规律的过程，月督导的目的不仅仅为了大检查，更是为了今后的大安全。

（二）月督导的方法

每月到一个县（市、区），既现场检查又互动交流，重点看问题如何查摆、怎样解决。问题查摆得准、解决得好，我们就共同交流、提炼经验，为其他县（市、区）今后的工作提供借鉴；工作成效不明显，我们就分析原因、研究办法。总之，通过开展月督导，市政府打造平台，县（市、区）集思广益，共同推进工作。通过这种形式，查找隐患、解决问题、肯定成绩、全市借鉴等都集中在一天内完成，这比在市里开个会效率要更高、效果会更好。

（三）不断改进月督导工作

任何工作都要与时俱进。随着经济社会的发展，安全生产要持续不断地发现问题、解决问题，月督导作为一种工作模式、工作方法，也要持续不断地创新和完善。在查找、解决安全生产问题之外，也要对月督导工作本身进一步探讨改进，不断创新思路、丰富形式，以期每次都有新的进步、新的成色。

三、关于对安全生产管理工作的认识

安全生产是一项极端重要的工作，其重要性怎么强调都不过分。无论是分管的同志还是安监局局长，都承受着巨大的精神压力。重压之下如何认识安全生产、搞好安全生产？我想可以从以下几个方面去把握：一是以理性的心态去研究安全生产。干任何工作都不能人云亦云，安全生产工作关系生命，更要结合实际、深入研究。前段时间国务院、省、市各级督导中，都发现不少单位对安全生产缺乏研究，没有结合实际，制订的大检查方案照抄照转、千篇一律。没有研究就找不准问题，就抓不住关键，工作落实也就无从谈起，尤其在承受巨大压力的情况下更要沉着理性，避免盲目乱来、适得其反。二

是以积极的态度去对待安全生产。抓安全生产一定要保持激情，保持积极的态度。要相信只要下决心抓就会有成效，关键还是会抓不会抓的问题。我们也能感觉到企业抓安全生产积极性不高的问题。要解决这个问题，首先要通过严格执法让企业真正感到压力，再就是通过积极有效的工作让企业真正看到差距。每次到企业检查都得真正发现问题、解决问题，让企业感到有进步、有提高才行，决不能作走马观花式的表面文章。三是以高度负责的精神去抓好安全生产。我们一定要有敢于负责、敢于担当的气魄，主动到位地抓好安全生产，让主要领导放心、安心，以腾出更多精力来抓大事和难事。这体现的是党性、是良心也是个人品德。

（一）深化对安全生产重要性的认识

首先，安全生产极为重要。这是党中央、国务院对安全生产重要性的定性。安全生产关系人民群众的生命安全，影响经济社会发展稳定大局，其重要性已经不能用语言进一步强调。其次，安全生产特别重要。"特别"体现在安全生产不好抓、抓了也不出所谓的政绩，所以好多领导干部不会抓、抓不好，也就没有人愿意抓。同时，安全生产抓和不抓不一样、大抓和小抓不一样、会抓和不会抓不一样，这就要求分管、主管的同志要端正政绩观，要愿抓、敢抓，要会抓、抓好。第三，安全生产确实重要。安全生产是积德行善的工作，是实实在在的民生工程。一旦发生事故，领导干部可能被处理、被批评，但伤残和死亡的都是老百姓。所以我们要转变理念，要求各个企业不仅要把职工当成雇员，而且要把他们当成家庭成员。有了这种感情基础，安全管理才能抓得紧、安全的局面才能守得住、老百姓的生命财产才能不受损失。最后，安全生产对领导干部本人也很重要。我们抓安全生产工作既是为老百姓抓，也是为自己抓。为老百姓抓，是为了减少人民群众的生命财产损失；给自己抓，是为了锤炼我们的党性，锻炼我们的能力。安全生产涉及经济社会方方面面，尤其当前实行的是"一岗双责"责任追究办法，领导干部抓好安全生产就等于为自己的前进铺平了道路，为个人的发展清除了障碍。基于这四个方面认识，对安全生产我们必须满怀深情地抓，带着对人民群众的深厚感情去开展工作；必须凭着良心去抓，把分内的工作抓好，对得起职责、对得起良心；必须以高度的党性去抓，维护群众利益，和谐党群关系，树立党委政府的良好形象；必须以科学的方法去抓，探讨新方法，增加科技含量，不能单纯兵来将挡、水来土囤；必须以坚韧不拔的毅力持之以恒地去抓，直到抓出成效。

（二）探讨规律性，实行倒逼机制，掌握主动权，从源头上解决问题

安全生产工作有其规律性，不同单位、不同时段、不同行业、不同生产环节发生安全事故的概率都有差异。实行倒逼机制，就突出了重点问题、重点单位和重点环节，符合安全生产的规律，也符合当前工作实际。具体要抓好五个方面：一是抓重点问题。重点问题就是认识问题，一些单位对安全生产工作仍然存在说起来重要、做起来并不重要，有时重要、有时并不重要，出了问题重要、不出问题时就不重要，上级来检查时重要、不检查时就不够重要的现象。说到底还是认识问题。二是抓重大隐患。要进一步转变理念，树立隐患就是事故、重大隐患就是重大事故的意识，下大力气抓好隐患的排查整治。三是抓薄弱环节。当前的薄弱环节就是打非治违，尤其体现在执法的力度和难度方面。我们要树立一种意识：在对企业的态度问题上，如果说在生产经营方面政府要提供良好服务的话，那么在安全生产管理方面就是在行使权力，必须坚持原则，对非法违法行为要强力打击、决不纵容。四是抓后进单位。抓安全生产不能讳疾忌医、讲面子图好看，要把主要的工作精力向制度不健全、责任不到位、装备达不到水平的后进单位倾斜。各类检查、督导要多到后进单位去，督促企业尽快整改隐患、提高管理水平，把全市安全生产工作的短板补齐。安全生产的好坏不是取决于好单位多好，而是看差单位有没有隐患、出不出问题。五是抓死面死角。安全生产工作一定要细化、一定要具体，尤其在经济社会快速发展，各类生产经营新形态、新个体层出不穷，同时不断有经营者退出的情况下，必须建立覆盖广、网眼密、反应迅速的监管网络，以适应形势的需要。这五个方面是实行倒逼机制重点要解决的问题，抓住了这五个方面，就治理了源头，就掌握了工作的主动权，就不会出现大的问题。

（三）关口前移、重点下移，探讨建设科学预防体系问题，寻求治本之策

安全生产工作有应急的一面，有些时候需要兵来将挡、水来土囤，但

绝大多数时候是处于严阵以待、防患于未然的状态。安全生产责任重如泰山，泰山脚下的泰安应该最有资格说稳如泰山、安如泰山。要打造一个安全生产的文化品牌，来构筑一个科学的预防体系，以寻求安全生产治本之策。以泰安市为例，就是基于"安如泰山"文化品牌下的地方政府安全生产、科学预防体系建设，就思想理念体系、技术支撑体系、应急管理体系、激励奖惩体系等一系列问题逐个进行破题研究。通过构建科学预防体系，将关口前移、重心下移，把问题消除在萌芽状态，确保安全生产"安如泰山"，让上级领导放心、让人民群众安心。

（四）加强安监队伍建设，为安全生产形势平稳发展提供坚强的组织保证

安全生产方面不提成绩，但队伍建设的成绩要充分肯定。泰安市正是由于选了一个好局长、配了一个强班子、建了一支铁队伍，从而确保了事故起数、死亡人数连续 11 年双下降，为全市经济社会发展提供了平稳安全的环境。安监队伍有三大定位：一是"钦差大臣"。安监干部代表党委政府行使职权，特别是在源头治理、隐患整治、打非治违这些重点、难事上，这支队伍是党委政府最可依靠的力量。二是"平安菩萨"。安监队伍工作到位，就确保了老百姓的生命财产的安全，确保了全市经济社会平稳健康的发展，也确保了各级干部的政治平安。三是"忠诚卫士"。任何一个单位、一个企业在安全生产方面存在问题，安监队伍就有责任、有权力去纠正和处置，要敢抓、真抓，以坚强的党性和原则性，来捍卫党委政府的形象，确保人民群众的生命财产安全。队伍建设中存在的问题要积极解决，绝不能因为缺少人、缺少资金、缺少技术，面对安全问题就心有余而力不足，从而导致发生事故。安全生产是最能体现花小钱办即使花大钱也办不了的事，多雇一个人、多投入一点资金就可能减少一起事故、减少一个伤亡。一旦发生事故，经济损失不说，造成的人员伤亡、导致的社会影响是花再多钱也不可挽回的。

（节选自 2013 年 7 月 31 日在全市安全生产月督导工作东平会议上的讲话，根据录音整理）

强化系统思维

关于安全生产的基本抓法，有以下几点认识：

开展任何一项工作都需要进行认真系统的研究。确定怎样的目标，采取哪些方法，最终达到何种最佳的效果，这个过程要体现战略性，安全生产工作也是如此。同时，安全生产工作有其特殊性，不是一劳永逸的事情，不能轻言成绩，更不能时抓时停，必须紧紧绷在心上，牢牢抓在手上。抓安全生产的战略，或者说基本抓法，可以总结为四条：

一是强化认识。把安全生产与经济社会发展大局深入融合，与正确的政绩观、价值观、事业观深入融合，从而形成了独特的认识，即"科学发展是主题，安全发展是前提；转方式调结构是主线，安全生产是底线；经济指标上升是政绩，安全生产事故下降也是政绩；作为企业来讲不仅把员工当雇员，更重要的是当成家庭成员；一个企业家可能辛辛苦苦奋斗一辈子才能干成一个企业，但是也很可能因为一个事故一夜之间就垮掉一个企业"。同时，作为分管、主管安全生产的领导干部，特别是在当前党政同责、一岗双责的要求下，抓好安全生产，确保不出问题，也是为自己的成长铺平了道路，为个人的发展扫除了障碍。认识到位了工作才能到位。

二是研究源头治理。抓安全生产的过程本质上讲就是不断发现问题、解决问题的过程。这项工作处于永不停歇的动态之中，老问题不断解决，新问题不断出现，发现什么问题就解决什么问题，这就是安全生产工作的规律。唯有抓住问题产生的源头，提前解决问题才能不出问题，或者少出问题，至少不出大的问题。因此，要把握规律性，实行倒逼制，把重心和精力放在主要问题、重大隐患、后进单位、薄弱环节和死面死角上来，切实做到从源头上解决问题。

三是研究治本之策。某种程度上讲，安全生产工作如果需要兵来将挡、水来土囤，那是被动的工作，是低层次的。与其出了事故、造成损失之后再去应急抢救、再去总结教训，就不如下气力来预防事故。基于此，要重心下移、关口前移，要建设基于"安如泰山"文化品牌下的地方政府安全生产管理的科学预防体系这一课题，寻求安全生产的治本之策。科学预防体系建得扎实，就能够不出问题，至少不出大问题，上级领导、人民群众也才能更加放心。

四是抓队伍建设。要摸清全市安监队伍的现状，运用调研成果，更加引起各级党委政府对这支队伍的重视和关注，按照"选一个好局长，配一个强班子，建一支铁队伍"的原则，在重视程度、资源配备等各个方面给予更有力的保障。作为安监队伍，更要注重加强自身建设，按照"钦差大臣""平安菩萨"和"忠诚卫士"的三大定位，切实履行好职责，发挥好作用。

以上四条是对安全生产工作的基本抓法。第一条是抓认识，这是前提；第二条是抓源头，这是关键；第三条是抓治本，这是根本；第四条是抓队伍，这是保障。这四条构成了一个整体系统，缺一不可，体现了对安全生产工作的系统思维和抓这项工作的战略指导。平时的专题会、月督导，包括安监局部署的具体工作，体现的是具体的战术。抓安全生产需要在系统思维、战略指导下，分阶段、按领域、有重点地去做好具体工作。

（节选自 2013 年 9 月 24 日在全市安全生产月督导工作宁阳会议上的讲话，根据录音整理）

安全生产的辩证法

一要记住两条线，即"红线"和"底线"。 这"两线"之间是上下限。习近平总书记多次强调要有"红线"理念，要有"底线"思维。结合安全生产工作，就是要盯住"红线"，保住"底线"。唯有盯住红线，才能保住底线不出问题；唯有保住底线，才能不触动红线，确保安全生产形势平稳持续，才能确保人民群众的生命财产安全和干部的政治安全。

二要把握好两类数据，即鼓励类数据和约束类数据。 对增加值、主营业务收入、利润、利税、地方财政收入等鼓励类的数据，要积极争取，越快越好、越高越好。对污染治理、节能减排，特别是安全生产事故等约束类数据，必须控制好，确保下降，在安全生产方面不能出问题，至少不能出大的问题。

三要调动好两个积极性，即政府监管的积极性和企业主体的积极性。 这两股劲要拧成一股绳。要按照中央"党政同责、一岗双责、齐抓共管"的要求，采取一系列的措施，进一步强化政府监管责任。在市政府安委会的框架下，成立 15 个专业委员会，引导督促各位分管的同志、各个部门各司其职，切切实实履行好政府监管的责任。同时，企业落实主体责任的积极性更要发挥好，确保全市安全生产不出问题。

（节选自 2013 年 10 月 9 日在全市安全生产电视会议上的讲话，根据录音整理）

树立持久战的思想

安全生产的规律性就是不断发现问题，不断解决问题，才能持续平稳不出问题。我们必须要尊重规律，抓住特点，研究富有针对性的解决问题的办法。要做好打持久战的思想准备。

借参加国家安监总局培训的机会，谈几点体会和收获：

一、分管安全生产工作的同志如何开展工作的问题

根据省委组织部安排，我到国家安监总局参加了为期10天的培训，共同参加培训的还有全国各地32位分管市长和10个省的安监局长。这是近几年来第一次如此高规格、大范围、长时间的培训，国家安监总局也高度重视。大家通过学习和交流，对安全生产工作的认识有了新的提升。就各自工作遇到的情况和问题、就国家的有关政策、就安全生产的队伍建设问题等，大家都畅所欲言地进行交流，从更高层次上对安全生产的管理、对企业的态度、对如何进一步提升安全生产管理水平，都达成了高度的一致，体现了对中央精神的领会和深化，为下一步国家政策的制定提供了一些依据。参加培训的同志当中，有几位曾因为当地发生了安全生产事故而受过处理，但大家出于高度的党性和人品，出于对工作的热爱和负责，都能保持一种坦然的态度，表现出一种良好的心态。

受这次培训的启发，我谈一下在当前从中央到地方对安全生产都这么重视的情况下，作为市县政府分管的同志，如何更好地分管、如何加强领导的问题。一要借势。要借中央和省更加重视安全生产这个大势，进一步提高各级党委政府的认识，来实现领导层面重视程度的再提升。就安全生产工作，习近平总书记两次听取汇报，中央政治局常委会展开专题研究，

这在中国安全生产管理史上是里程碑式的标志，充分体现了安全生产的极端重要性。为什么我们要求各级党委要召开常委会专题研究？就是要确保领导层面抓安全生产的自觉性。县（市、区）的工作千头万绪，各方面压力都很大。有些工作受限于客观条件，难以完全掌控，但有些领域不出事是可控的，比如环保问题、节能问题、安全生产问题、干部队伍建设问题等。这是我们借势的方面，通过给县（市、区）主要领导提个醒，把上级精神学习好、领会好、贯彻好，从而加强对安全生产的领导，使我们能够借力发挥。二要乘势。要乘势而上，解决好安全生产工作中存在的问题。比如说全国大检查，这是习近平总书记亲自部署、亲自安排的工作，而且提出了"全覆盖、零容忍、严执法、重实效"的总要求，是最有效、最合法、最大规模、最深层次的大检查。我们就要乘势解决安全生产存在的问题，只有解决好问题才能不出问题。解决问题的办法就是实行倒逼制，继续坚持每月例会这种形式，并不断完善和创新。不管全国大检查结束没结束，各地的大检查永远不能结束，要做好打持久战的思想准备，始终保持安全生产的高压态势，直至把老问题解决好，把新问题掌控好，确保不出问题。三要造势。安全生产不仅仅是一项工作，它是一项事业、是一门科学。作为一名对党负责、对群众生命负责的领导干部，尤其是分管这项工作的同志，决不能把安全生产当作一项单纯的工作。这就是我们研究基于"安如泰山"文化品牌下地方政府安全生产科学预防体系建设的最重要意义所在。如果说我们实行倒逼机制，解决源头问题，是立足眼前的话，那么我们创建文化品牌，建设科学预防体系，就是着眼于长远，把安全生产当作一项事业来干，当作一门科学进行研究、实践和探讨。这个科学预防体系包括 12 大项内容，涵盖了目前国家的安全生产责任体系、法律法规体系、教育培训体系、应急预防体系等各个方面，并且更加系统化、更加科学化、更具超前性。四要强势。这就涉及安全生产队伍的建设问题。安监队伍不能唯唯诺诺，安监部门不能是不发声的部门。在对待企业的态度问题上，如果说在生产经营上是提供服务的话，那么在安全生产上就是行使权力。安全生产方面，政府行使权力必须坚定不移，安监队伍必须要有这个自信和担当。安监队伍的强势是源于社会各界的高度关注，是源于我们肩负的艰巨任务和神圣职责,我们的工作关系人民群众的生命安全,必须当仁不让。"钦差大臣""平安菩萨""忠诚卫士"是安监队伍的三大定位,相辅相成,浑然一体;选一个好局长、配一个强班子、建一支铁队伍,这三大要素构成了安监队伍建设的指导方向;勇于负责、敢于负责、善于负责,这三大精神更加完善了安监队伍的文化内涵。

二、如何把握当前的安全生产形势

表面情况越好,我们越要保持冷静,越要清醒地把握形势。安全生产就是这样,只要不出事就是好单位,出了事就一票否决,真正是"一线之内外、一念之上下"。我想从领导、企业、社会这三个层面再分析一下当前的安全生产形势。第一,领导层面重视而不够深刻。没有任何一个领导会承认他不重视安全生产,但是这种认识如何才能更加深刻,如何形成入脑入心的这种理念?目前来看还有差距。参加总局培训的时候,看到了许多现实案例,真是惊心动魄,让人震撼扼腕。好多事故的发生,就是因为负责的同志口头上重视、手头上没落实,心理上重视、行动上不扎实,说到底还是认识不够深刻造成的。各级领导的重视值得肯定,但如果要客观评价的话,就是重视而不够深刻。第二,企业层面主动而不够自动。现在安全生产的普遍现象是政府热、企业冷。虽然大部分企业抓安全生产比较主动,但这是一种被动的主动,不是发自内心的主动。有多少企业能真正把员工当成家庭成员去爱护、去保护,坚持做到不培训不能上岗、不持证不能上岗?有多少企业能发自内心地去加大安全投入,改善生产条件,减少事故隐患?有多少企业能深刻认识到辛辛苦苦一辈子干成的企业,可能因为安全生产事故一夜之间就毁掉?要下决心解决这个问题,让不重视安全生产而造成后果的企业真正付出成本、付出代价。第三,社会层面关注而不够关切。大多数人看到安全生产事故都很关注,对死难者的家庭都是惋惜同情,却极少有人能真正做到换位思考,能从安全生产的角度去关心家人和亲友。今后的安全生产管理肯定会由"安全生产"向"安全生产和安全生活并重"的方向转变,全民的安全意识很重要。只有全社会都树立了高度的安全意识,安全生产才有更好的土壤。基于这种现状,我们不能盲目乐观，不能沾沾自喜。安全生产工作每天都面临新的形势、新的难题，我们必须时刻保持清醒的头脑。

（节选自 2013 年 10 月 30 日在全市安全生产月督导工作岱岳区会议上的讲话，根据录音整理）

深刻认识篇

一天天地干、一月月地看、一年年地盼

针对元旦和春节前这段特殊时期的安全生产工作，强调三点：

第一，只有用心才能省心。安全生产工作面向的是所有生产经营单位，任务繁重、工作琐碎，尤其是分管的同志和直接负责的同志，都心负巨大压力。但是安全生产工作又是必须用心去抓的工作。且不说从党的宗旨的高度，就从每个家庭的角度出发，我们也必须设身处地思考，用心去研究抓好安全生产。为什么我们强调安全生产？无论任何事故，对当事者的家庭来说都是塌天大祸。所以说，无论从政府的角度、从企业的角度，还是从群众的角度，对待安全生产，我们只有用心才能省心，这是必然联系。只有踏踏实实、认真用心地做了一系列工作，才能赢得安全生产平稳良好的局面。

第二，只有不怕麻烦才能减少麻烦。安全生产工作必须从细处着手，采取细化、具体的措施来抓。春节期间提出实行包保制度和周调度制度。周调度就是月督导制度在特殊时期的特殊形式。这些新措施的实行肯定会给大家增加麻烦，但是唯有解决好这些麻烦才能不出大麻烦。安全生产小事捅天、大事塌天，而出事往往就是因为小处、细节方面的问题。希望各级领导、各个部门、各个企业都不要怕麻烦，工作一定要做细。

第三，只有解决问题才能不出问题。我们为什么要实行倒逼制？就是从安全生产的规律性出发，从源头着手，通过不断发现问题、不断解决问题的动态手段，最终实现不出问题。实践证明，只有不断地解决问题，才能确保持续地不出问题。全市安全生产形势不错，就是因为我们不断发现和解决了问题，不断查找和整改了隐患，从源头上把住了关口。

长远来看，我们既然管安全生产，就是要勇于负责、敢于负责、善于负责，把分内的事干好。要"一天天地干、一月月地看、一年年地盼"。所谓"一天天地干"，就是每天的每时、每刻、每秒都不能放松，特别是主要问题、重大隐患、薄弱环节、后进单位和死面死角，一定要死盯死看死守。所谓"一月月地看"，就是继续推进月督导制度，大家共同去看，看解决了哪些问题，看发现了哪些新问题，看哪些问题解决得好，看哪些地方没有出问题。看的过程就是落实的过程，就是相互比较督促的过程。所谓"一年年地盼"，就是年年盼望人民生命财产不出事，企业不出事，这片地方能国泰民安。"一天天地干、一月月地看、一年年地盼"，也要作为抓好安全生产工作的遵循。各县（市、区）、各部门和单位特别是主要领导同志，要进一步统一思想、集中精力，把工作部署好、安排好，把问题整改好、解决好，确保不出问题。在各项工作都取得重大成绩的同时，安全生产不出事也是重大的成绩。

（节选自 2013 年 12 月 3 日在全市安全生产电视会议上的讲话，根据录音整理）

初步探索篇

安全生产只有起点没有终点

作为分管安全生产工作的副市长，本着不骄不躁、谦虚谨慎、更加奋发有为的原则，从以下几个方面去总结和认识：

一是健全心智。体现了我们对安全生产的深度认识。安全生产是个难题，监管面广量大，偶然因素很多，许多同志也有不敢抓的情绪。但是党员干部干工作，第一凭党性，第二凭德性。既然组织需要我们来抓安全生产，我们就要以端正平和的心态去对待。面对安全生产这项困难的工作，我们首先解决了健全心智的问题，让大家从不愿分管、不敢分管、不会分管、不好分管到科学去抓、主动去抓、善于去抓、抓就抓好转变。我们把别人不愿管、不想管、不敢管、管不好的问题管好了，这本身就体现了同志们以及我们这支队伍的党性、品德、作风和水平。这些认识我们梳理了若干方面：从普遍认识的层面上，我们提出"科学发展是主题，安全发展是前提；转方式调结构是主线，安全生产是底线；经济指标上升是政绩，安全生产指标下降也是政绩"。从企业主体的层面上，我们提出"企业不能仅把员工当成雇员，更重要的是当成家庭成员"。唯有这样企业才能主动去加大投入、改善生产条件。我们引导企业认识到"可能一辈子辛辛苦苦才能干成一个企业，也可能一时疏忽一夜之间就毁掉一个企业"，"企业安全生产出了事，小事捅天、大事塌天"。我们用这种耳熟能详、谈心式的话语来阐述这些道理，让企业由"叫我抓"向"我要抓"转变。从领导干部的层面上，我们提出"抓好安全生产，就是为干部的成长扫除了障碍，为我们个人的发展铺平了道路"。尤其在当前党政同责、一岗双责的形势下更是如此。凡是领导干部，都要承担安全生产责任。认识到这样一个程度，工作就不会被动、不会不愿抓。从政府层面上，我们首次明确提出：如果生产经营上政府要为企业提供周到服务的话，那么在安全生产上就是行使权力。这个问题上我们必须强硬，发现企业有安全生产方面的问题就必须整改，不整改就坚决责令停产，出了问题就要严肃处理，不容商榷。我们要认识到抓好安全生产也是优化发展环境的重要内容。这些系统性的认识对于我们健全心智，提高工作主动性，都起到了很好的促进作用。

二是完善思路。体现了我们对安全生产规律的科学把握。我们的工作都是基于原来的基础，但是随着经济社会的发展，安全生产工作面临的形势和任务一直在不断变化。我们在过去工作的基础上进一步完善工作思路，不断探讨新形势下安全生产的规律和特点，认识到安全生产就是不断发现问题、不断解决问题，才能持续不出问题。基于此，我们实行了安全生产倒逼机制，采取了月督导的办法，包括我们研究基于"安如泰山"文化品牌下地方政府安全生产管理科学预防体系建设问题。因为我们把握了规律性，才能不断对工作思路进行完善。

三是自主创新。体现了我们对安全生产工作的深化和细化。在市里统一的部署安排下，各县（市、区）、市高新区、各个部门都开动脑筋、立足实际，采取了一系列独特、有效的方法和措施。例如新泰市的"三化六步工作法"，就是一种全员参与、全程控制、全天监视、全面管理的企业单元系统体系。全员参与就是涉及每一个人，全程控制就是整个流程、各个环节一个不漏，全天监视就是一天24小时不间断监控，全面管理就是一种立体式的管理体系。类似这种创新，各个县（市、区）都在努力探讨和研究，这就是我们不断发现问题、不断解决问题的最有力支撑。

四是狠抓落实。体现了我们抓安全生产取得的明显成效。我们抓认识、抓源头、抓治本之策、抓队伍建设，切切实实取得了明显的成效。以抓队伍建设为例，我们明确提出安监队伍"钦差大臣""平安菩萨""忠诚卫士"三大定位，坚持"选一个好局长、配一个强班子、建一支铁队伍"三大要素，发扬"勇于负责、敢于负责、善于负责"三大精神，在省内外都是独创。

安全生产只有起点没有终点。安全生产工作形势平稳时决不能沾沾自喜，要充分认识保持平稳良好局面的困难和与日俱增的压力。要着重把握好几个方面：

一是把握大局。要在大局中进一步认识安全生产工作的重大意义。十八届三中全会的《决定》专门提到了安全生产的问题。作为分管这项工作的同志必须要把握大局，包括全市的大局、各个县（市、区）的大局。通过对大局的把握，进一步认识到安全生产工作的重要性。大局再好，安全生产出了问题就会影响大局，甚至毁掉大局。安全生产有其特殊性，不出事时可能重要意义不很直观，一旦出了事就会产生巨大的影响。但我们必须有清醒认识，搞好安全生产确保不出事就是维护大局、支撑大局。

二是把握规律。干任何工作都需要研究、需要思考、需要动脑子，把握事物的规律性。就安全生产工作，就是不断地发现问题、不断地解决问题，才能持续不出问题，这个规律一定要进一步把握好。

三是把握重点。各地发展情况不一样，工作重点也不一样，需要具体问题具体分析。但就安全生产来说，不出事就是最高标准。近期我们修订了已沿用十年的安全生产考核办法，总的导向就是只要不出事就是好单位，县（市、区）只要不出事就不再打分排名，一律表彰。一旦出了事故就坚决一票否决。希望县（市、区）和各行业领域主管、监管部门把握好这个重点。

四是把握方法。要确保工作的实效性，在工作方法上要把握好六组关系："一近一远"，就是要彻底解决好当前的问题，同时要从长远考虑，研究安全生产的治本之策。"一横一纵"，就是在管理覆盖上要横到边、纵到底。"一老一新"，就是死盯死看死守的老办法要继续坚持、盯紧看牢，同时要积极应用高科技、信息化的新手段。"一明一暗"，就是安全生产大检查的明查和"四不两直"的暗访、突击检查要结合好。"一专一兼"，就是我们开展面上检查来推动工作的同时，要充分运用专家和专业技术力量帮助我们查找问题。必要时可以采取政府购买服务的方法，用兼职方式解决专业人才不足的问题。"一正一反"，就是对正面典型要大力表扬，对安全意识差、制度不健全、拿安全生产当儿戏的反面典型也要毫不客气，坚决通报、整顿。

五是把握心态。管安全生产是一个心理磨炼的过程，也是对个人党性觉悟和德行品格的考验，但是我们既然管这项工作就一定要管好。要继续保持昂扬斗志，把工作做得更好，不负众望。

（节选自 2014 年 1 月 3 日在全市安全生产月督导工作新泰会议上的讲话，根据录音整理）

"五最"之举

一、认识问题

中国社会发展到现阶段，安全事故频发。这种形势下，习近平总书记亲自抓，在全国开展覆盖所有地区、所有行业、所有单位的安全生产大检查。我们认为这是最合规范、最大规模、最高声势、最合民意和最好成效的大检查，体现的是安全生产工作的极端重要性，也体现了人民群众的需求和期盼。作为地方党委政府必须高度重视大检查，结合各自实际开展好大检查，不断减少人民群众生命伤亡和财产损失，从而提升党委政府形象，改善党群干群关系。可以说大检查的意义深刻而重大。在研究思考安全生产管理的过程中，按照全国的统一要求，结合泰安实际采取了一系列措施。我们采取了面上督查、行业普查、单位自查、随机抽查、隐患暗查、责任严查的"六查"措施，通过月督导等形式，就像中医看病"望闻问切"一样，不断去诊断各县（市、区）、各行业、各企业安全生产工作中的问题和不足，及时整改消除，从而将大检查切实落到实处，收到了明显成效。同时，我们不仅把大检查当成一项工作，而是通过大检查努力去警醒全社会的安全意识，建立长效机制，对每名干部、每个单位、每家企业都形成强力震撼。我们就提出：泰安的安全生产大检查永远不能结束。就是要通过这种持续不断的手段去确保安全生产形势的持续稳定。

二、具体抓法

在开展工作的过程中，我们一直在积极研究"势"的问题。如何运用好全国上下高度重视安全生产的"大势"、大检查强力推进的"声势"和人民群众高度关注的"民势",从而更好地开展工作？我们采取了四个方面的抓法：一是"乘势"深化认识。从普遍层面上，我们提出"科学发展是主题，安全发展是前提""转方式调结构是主线，安全生产是底线""经济指标上升是政绩，安全事故数量下降也是政绩"。从这些认识出发，我们修订了沿用十年的安全生产工作考核办法，整体导向就是只要不出事故就是先进单位，出了事故就坚决一票否决。从企业主体的层面，我们提出"企业不能把职工仅仅当作雇员，更要把职工当成家庭成员"，唯有这样企业才会自觉加大安全投入，强化安全措施。同时引导企业负责人们认识到"可能辛辛苦苦一辈子才能干成一个企业，但也可能因为一时疏忽一夜之间就毁掉一个企业""企业出了事，小事捅天、大事塌天"，让企业看到血的教训，认识到问题的严重性。从领导干部的层面，尤其是在当前党政同责的要求下，我们提出"领导干部抓好安全生产，就是为个人成长清除障碍，为个人发展铺平道路"，激励分管和主管的同志们放平心态、鼓足干劲、干就干好。从政府层面，在对待企业的态度上我们首次明确提出：如果说生产经营方面政府要为企业提供周到服务的话，那么安全生产方面政府就要坚决行使权力。所以在每次月督导工作中，我们对该通报批评、限期整改或者责令停产的企业，都公开通报，不容商榷。通过这一系列认识的树立和深化，努力让安全生产成为各个方面、各个责任主体的自觉意识和习惯行为。二是"借势"治理源头。通过工作实践和研究思考，我们认识到安全生产工作的一个规律，就是在不断发现问题、不断解决问题的过程中，才能持续保持不出问题。随着经济社会的发展，新的事故隐患和问题层出不穷、无处不在，需要我们不断去发现和解决。从这一规律出发，借安全生产大检查的大势，我们采取了安全生产倒逼机制等一系列举措，把工作重点锁定为主要问题、重大隐患、薄弱环节、后进单位、死面死角等问题滋生的源头，持续强力地去整改和消除。三是"造势"研究治本之策。安全生产不能再兵来将挡、水来土囤，不能总是出了问题、出了人命后再去善后。无论从党的执政理念还是人民群众的利益出发，安全生产都必须关口前移、重心下移，研究治本之策。为此，我们提出基于"安如泰山"文化品牌下地方政府安全生产管理的科学预防体系建设问题，目前正顺利推进。通过这个体系的建设，从各个层面、各个方面去不断强化和完善，做到少出事、不出事，至少不出大事。四是"强势"抓好队伍建设。没有一支素质过硬的安监工作队伍，就不可能取得让人放心的工作局面。我们坚持"钦差大臣""平安菩萨""忠诚卫士"三大定位，按照"选一个好局长、配一个强班子、建一支铁队伍"三大要素，大力发扬"勇于负责、敢于负责、善于负责"三大精神，安监队伍的工作成绩和人品素质都得到市委市政府主要领导的充分肯定。而且，有一个最可喜的变化：整个安监系统的同志们，包括各级各单位分管的同志们对待安全生产工作不再有畏难情绪，不再感觉不愿抓、不敢抓、不会抓，而是能站在科学的角度去研究和思考，积极去探索好方法、追求好成效。

三、几点体会

安全生产工作如何抓，作为地方干部我们有几点体会：第一，要带着深厚感情去抓。没有感情肯定干不好工作。从对人民群众的角度，要真切体会到安全事故对群众造成的巨大伤害。从对组织和领导的角度，要通过扎实工作让组织放心，让领导腾出精力抓其他工作。从对同志的角度，要通过科学引导、端正理念，保护同志们的政治生命。从对工作的角度，要把安全生产工作当成事业，树立长远观点和战略眼光。第二，要用心去抓。只有用心才能省心，只有不怕麻烦才能减少麻烦，只有不断发现问题、解决问题才能持续不出问题。通过沟通，解除模糊认识和思想疙瘩，不断增强工作的主动性。如果没有用心思考，就不会有去年这些措施和办法，也就不会有这样的工作成效。第三，要用创新的手段去抓。随着社会的发展，安全生产的形势和任务也在不断发生变化，需要我们不断创新工作理念和手段。我们为什么要实行倒逼机制？就是要突出主要问题、重大隐患、薄弱环节、后进单位和死面死角，用创新的手段才能切实解决这些问题。第四，必须持之以恒地去抓。安全生产工作要"一天天地干、一月月地看、一年年地盼"。一天天地干，就是每天、每时、每刻、每分、每秒都不能放松，必须牢牢绷在心上、紧紧抓在手上，须臾不可懈怠。一月月地看，就是通过月督导，看哪些地区、哪些行业和哪些企业发现了问题、解决了问题、确保不出问题。一年年地盼，就是去年平稳过去了，我们也盼着今年、明年乃至每一年都能平平安安、不出问题。第五，要调动社会各方力量齐抓共管。安全生产不能靠某一个部门、某一个领导来抓，必须靠全社会形成安全生产的自觉理念和习惯行为，这是一项长期的工作。泰安准备在这方面做进一步的探讨和努力，一手抓眼前问题的解决，一手着眼长远解决预防体系建设问题，争取泰安这片土地和泰安人民都"安如泰山"，树立党委政府更好形象。

（节选自2014年1月7日在与国家安监总局督查组座谈会上的讲话，根据录音整理）

要形成自觉理念和行为习惯

根据工作形势和任务的变化，特别是 18 个安全生产专业委员会成立后，我们对月督导工作机制进行了完善，结合月督导工作的开展，每月召开一次安委会成员会议，以进一步明确责任，时时警醒，牢牢抓好安全生产，确保全市安全生产形势持续稳定。

一、关于安全生产工作的长远目标和当前任务

安全生产人人有责，关系每位同志特别是领导干部的切身利益。无论你愿不愿抓、会不会抓、想不想管，都必须承担这份责任。经过这一年的工作，我的理解是，什么时候安全生产在全民中形成了自觉理念、习惯行为，安全生产就好管和管好了。自觉理念就是做任何事都能时时不忘安全生产，习惯行为就是不论在什么岗位、从事什么工作，都能首先从安全角度考虑。自觉理念、习惯行为的养成与社会的文明程度、全民的现代化意识有密切联系，需要一个长期的过程，但这是抓安全生产工作的终极目标，我们必须树立这种长远意识。就当前来看，我们首要的任务是继续研究和抓好安全生产工作，确保不出问题。市委市政府明确要求，要把安全生产建立在真抓实干的基础之上，建立在排查整改的基础之上，建立在心中有数的基础之上，要抓出底气来、抓出信心来。

二、关于安委会的工作

从这个月开始，我们把月督导工作和安委会成员会议结合起来，将在单月督导行业领域、双月督导县（市、区）的同时召开 12 次安委会成员会议，目的是引导大家改变对安委会的看法，进一步强调安委会的职能作用。

去年开始，我们提出要探讨建立基于"安如泰山"文化品牌下的地方政府安全生产管理科学预防体系。科学发展是主题，安全发展是前提。如果说"投资泰安、稳如泰山"解决了科学发展的问题，那么"安如泰山"就是为了解决安全发展的问题，契合习近平总书记提出的把安全发展植入科学发展的理念之中的要求。安委会作为具体抓安全生产的机构，必须义不容辞地肩负起"安如泰山"的神圣职责和艰巨任务，确保泰安经济社会持续平稳健康发展。"安如泰山"既是一个理论问题，更是一个实践探索的问题；既是一个心理期盼，更是一个工作目标；既是一个治本之策，更是一个标本兼治的综合整治之策；既是一个文化品牌，更是一个工作体系。围绕"安如泰山"品牌建设这个目标，我们要进一步更新工作理念，完善工作方法，加强组织领导。第一，明确定位。安委会是在市委市政府领导下，负责全市安全生产监督管理的专门机构，在安全生产上行使"一票否决"的权力。在政府对企业的态度上，如果说生产经营方面政府要提供周到服务的话，在安全生产上就是坚决行使权力，毫不客气。二者在本质上是一致的，都是为了泰安的长远发展。第二，完善构成。要按照"横到边、纵到底"的要求来设置安委会。18个专业委员会解决"纵到底"的问题，各县（市、区）、高新区、泰山景区安委会解决"横到边"的问题。纵向上，18个专业委员会要切实负起责任。具体的行业、领域的安全监管任务需要各个专业委员会按照"管行业必须管安全、管生产经营必须管安全"的原则承担起来。各部门尤其是各专业委员会的牵头部门一定要认清各自职责。横向上，各县（市、区）要尽快调整完善安委员成员设置。安委会主任必须由各县（市、区）长担任，分管副县（市、区）长要担任市安委会成员，成员单位领导发生变化的要及时调整，以进一步明确责任，提高重视程度。第三，工作要求。一要"求真务实、求安务稳"。把安全生产建立在真抓实干的基础上，就需要我们在理念上"求真务实"，在行动上"真抓实干"，在目标上"求安务稳"，以实现安全稳定的局面。二要"扎实、深入、细致"。安全生产工作面广量大，随着经济的发展和市场的繁荣，监管任务会越来越重，我们的工作必须要再扎实、再深入、再细致。三要"卓有成效、持续稳定"。去年泰安是全省唯一没有发生较大以上事故的市。为保持这种持续平稳的局面，我们提出要"一天天地干、一月月地看、一年年地盼"。"一天天地干"就是每天的每时、每刻、每秒都不能放松，特别是主要问题、重大隐患、薄弱环节、后进单位和死面死角，一定要死盯死看死守。"一月月地看"，就是继续推进月督导制度，看哪个专业委员会、哪个县（市、区）查摆的问题多，问题解决得好，没有出现大的问题。"一年年地盼"就是在艰苦、细致工作的基础上，盼望今年乃至今后的每一年都能国泰民安，持续平稳。第四，工作方法。去年以来我们独具特色的工作抓法可以概括为五个方面：一是把握规律。作为一名领导干部干任何工作都要深入研究，不能人云亦云，要结合具体实际。安全生产工作的规律，就是一个在不断发现问题、不断解决问题中实现持续不出问题的过程。实施月督导制度，建立倒逼工作机制，这些举措不是针对哪个部门或是和哪个单位过不去。就像人的身体有问题，需要查出病根才能对症下药一样，我们是为了查找问题、解决问题，确保持续不出问题。二是研判特点。要认真研判、科学把握各个行业领域、各个企业、各个监管对象的特点，分类监管、因企施策，真正体现深入、细致、扎实。三是找准症结。目前来看，主要集中在我们一再强调的主要问题，重大隐患、薄弱环节、后进单位和死面死角中。当然好单位也不能放松，再规范的单位一时疏忽也可能出大事，必须深入分析、找准症结。四是解决问题。对查摆的问题和隐患要扎扎实实地整改解决。该限期解决的必须按要求完成，相关单位必须要负起这个责任。五是动态管理。要坚持不懈、持之以恒地去发现问题，解决问题。第五，工作精神。就是我们安监队伍"勇于负责、敢于负责、善于负责"的工作精神。"勇于负责"就是要有担当精神，在履职尽责上不推不拖；"敢于负责"就是对工作、对问题不能有畏难情绪，要敢于攻坚克难；"善于负责"就是要用科学的方法去解决问题。希望各主管部门和成员单位都能发扬这种精神，把本系统、本行业、本领域的问题解决好。

三、关于专业委员会的工作

18个专业委员会的工作要参照市安委会的方法，要独立负责，切实做到"党政同责、一岗双责、齐抓共管"。安全生产工作压力很大，但面对压力不能退缩，不能怯懦，要抓出底气来，抓出信心来。实践证明安全生产抓和不抓就是不一样，只要我们勇于抓、敢于抓、善于抓，就不会出问题，至少不出大问题。18个专业委员会都要践行这种精神和做法。

（节选自2014年1月22日在安全生产月督导工作暨安委会第一次成员会议上的讲话，根据录音整理）

安如泰山——我的安全生产观

这是一项光荣的事业

一路走来，我在不断思考，看到各县（市、区）对安全生产工作的重视程度、有力有效的工作措施以及取得的良好效果，更加坚定了我的一些想法。

一、既要把安全生产当成一项工作，更要当成一项事业

安全生产既是一项艰巨的工作，更是一项光荣的事业。基层的很多同志们长期从事安全生产工作，十几年如一日地兢兢业业、默默付出，这本身就体现了同志们把工作当事业的使命感和奉献意识。社会发展到今天，安全生产工作面广量大，任务日益繁重，形势更加严峻，更要求我们把这项工作作为一项事业来抓紧抓好。从对待工作的角度，我们必须以认真负责的态度、扎扎实实的措施来不断发现问题，不断解决问题，从而确保持续不出问题。从对待事业的角度，我们就要深入研究规律、把握特点、找准症结，从更高角度去谋划工作，做到既深入其中又能跳乎其外，提高工作的战略性和精准性。我向来主张干工作不能人云亦云，既然组织把安全生产这项别人不敢管、不愿管、不会管的工作交给我们来管，我们就要以高度的事业心和责任感，积极动脑，用心研究，把情况吃透、把问题摸准、把方法找到，把这项工作管好，以对历史、对群众高度负责的态度，把安全生产这项事业干好。

二、把握安全生产工作的大势

以 2014 年为节点，泰安的安全生产工作已经进入转折期，正在迈入新时期。进入转折期的主要表现，一是党政空前重视。各级党委政府，尤其

是主要领导都把安全生产摆到前所未有的突出位置。例如新泰市每年元旦都由书记、市长带队检查安全生产，重奖做出突出贡献的单位，重用做出突出贡献的个人。其他县（市、区）的一些做法也都体现了对安全生产的高度重视。二是措施空前有力。去年以来我们开展工作的理念、认识、做法都日趋系统和成熟，取得了明显的成效，在全市乃至全省都形成了一定影响。三是社会空前关注。全市上下已经形成"安全生产人人有责，搞好安全生产人人受益"的共识。安全生产已经成为一个区域发展的名片，是科学发展的标志，没有一个好的安全生产环境就不可能有好的投资环境。四是信心空前坚定。我们这支队伍抓好安全生产的信心是坚定的，特别是在其他一些地方对待安全生产畏难发愁、不敢抓、不愿抓、不会抓的情况下，我们能够挺身而出、迎难而上，展示了坚强的党性和高尚的品德。这也是我们为什么一再强调队伍建设的重要性，为什么必须"选一个好局长、配一个强班子、建一支铁队伍"，就是为了解决好有人干、会干的问题。这四点标志着泰安的安全生产工作已经进入转折期，我们不再是不敢抓、不愿抓、不会抓，不再单纯地兵来将挡、水来土囤，而是能够站在战略的高度，勇于负责、敢于负责、善于负责。

迈入新时期，就是随着经济社会的发展和文明程度的提高，安全生产工作的任务也产生了新的变化。我们要有新的追求和更长远的目标，以更高境界、更宽视野和更强有力的措施进一步把安全生产工作谋划好。长远来看，要着力解决四个问题：一是自觉意识的树立。就是进一步在全市形成安全生产"人人有责、人人有关"的自觉意识。这也是社会文明程度、公民素质的体现。二是本能行动的规范。就是全社会每一个人无论从事任何职业、任何岗位，在工作中都能把内化的安全意识外化为一个个规范安全的操作和动作。三是习惯行为的养成。就是在本能行动的基础上，在生产生活的每一个环节、每一个方面都能养成重视安全、追求安全、落实安全的行为习惯。四是本质安全的构建。就是最大限度地降低人为因素对安全生产的影响。这是我们最终极的目标。这四个方面既是新时期的工作任务，也是我们长远的追求。我们已经具备了良好基础，刚才提到进入转折期的一系列标志足以支撑我们在新时期努力实现这种追求。

三、扎实抓好当前工作

我们对安全生产的长远追求必须建立在扎实、深入、细致的现有工作基础上。安全生产事故的发生往往是一线之间、一念之间，抓安全生产必须时刻如履薄冰、谨小慎微。抓的时间越长，成效越好，压力也越大。但是，我们也不能过度纠结，要保持积极正面的心态。实践证明，安全生产工作唯有建立在真抓实干的基础上，建立在排查整改的基础上，建立在心中有数的基础上，切实抓出底气、抓出信心，才能真正抓出成效。具体工作中，必须继续发扬"勇于负责、敢于负责、善于负责"的精神，坚持"一天天地干、一月月地看、一年年地盼"的工作遵循，求真务实、求安务稳，毫不懈怠、不厌其烦地去排查问题、整改隐患，在不断发现问题、不断解决问题的过程中实现持续不出问题，在不断否定自我、超越自我的过程中实现工作新的突破。

（节选自 2014 年 1 月 24 日在看望慰问基层安监干部职工时的讲话，根据录音整理）

初步探索篇

牢牢把握主动权

泰安持续平稳的安全生产形势是全市上下共同努力的结果，更是我们这支安监队伍一天天地干的结果。对此市委市政府十分满意，各级领导十分满意，全市人民也十分满意。虽然安全生产要慎言成绩，但是我们扎实的工作作风和高昂的工作热情要充分肯定并继续发扬。结合当前的形势，就如何适应新要求、抢抓工作主动权谈几点想法。

一、泰安的安全生产工作已经进入转折期，迈入新时期

科学地研判形势，准确地把握态势，是我们能够掌握主动权的重要前提。为什么说我们的安全生产已经进入转折期？有以下几个标志：一是党政空前重视。各级党委政府，尤其是主要领导都把安全生产摆到前所未有的突出位置。二是氛围空前浓厚。全市上下已经形成"安全生产人人有责，搞好安全生产人人受益"的共识。三是队伍素质空前增强。去年以来，我们这支队伍的工作理念、认识、做法都日趋系统和成熟，在全市取得了明显成效，在全省乃至全国都形成了一定影响。四是企业主体责任空前明确。我们首创性地提出了一系列系统的理念：在政府对待企业的态度上，如果说生产经营方面要提供周到服务的话，那么安全生产方面就是坚决行使权力。为了引导企业强化责任意识，我们提出"企业不能仅仅把员工当成雇员，更重要的是当成家庭成员"，"可能一辈子辛辛苦苦才能干成一个企业，但也很可能一时疏忽一夜之间就毁掉一个企业"，"企业安全生产出了事，小事捅天、大事塌天"，"安全生产必须万无一失，因为一失就万无"。通过这些理念的灌输，进一步明确和强化了企业的主体责任。上述四个方面变化都标志着泰安的安全生产工作已经进入转折期。

迈入新时期，就是我们对待安全生产工作不能就事论事，要看到随着经济社会的发展和文明程度的提高，安全生产工作有新的趋势和任务。长远来看，要实现长治久安必须着力于在全社会形成安全生产的自觉意识、本能行动、习惯行为和本质安全。所谓自觉意识，就是各个责任主体不再被动地去开展安全生产工作，不再等发生了事故之后再去接受教训，而是能够自觉主动地去重视安全、追求安全，形成安全生产"人人有责、人人有关"的理念。所谓本能行动，就是各个行业特别是关键岗位、高危岗位，在工作中都能把内化的安全意识外化为一个个规范安全的操作和动作。所谓习惯行为，就是在自觉意识、本能行动的基础上，在生产生活的每一个环节、每一个方面都能养成重视安全、追求安全、落实安全的行为习惯。所谓本质安全，就是最大限度地消除人为因素对安全生产的影响，这是我们最终极的目标。这四个方面既是新时期的工作任务，也是我们长远的追求。我们从事这项工作，既要埋头苦干，还要抬头看路，以把握好当前形势，谋划准未来趋势，抢抓工作的主动权。我想这既是一种工作方法，也是有益于同志们个人成长的思想导向。

二、不仅要把安全生产当成一项工作，更要当成一项光荣的事业

从对待工作的角度，我们必须以认真负责的态度、扎扎实实的措施来不断发现问题，不断解决问题，从而确保持续不出问题。从对待事业的角度，我们就要深入研究规律、把握特点、找准症结，从更高角度去谋划工作，做到既深入其中又能跳乎其外，提高工作的战略性和精准性。我向来主张干工作不能人云亦云，不能平推平拥，既然组织把某一项工作交给我们来做，就要以强烈的事业心和责任感，着眼长远，主动谋划，积极干事创业。作为领导干部，就要干事创业。所谓"干事创业"，可以总结为四句话：一是敢干前人没有干过的事情。这体现的是科学的发展观。敢干不是蛮干。要进一步解放思想、拓展思路，不要纠结于过去是不是干过，只要确定了该干的事，就一往无前地去谋划、去争取，把该干的事干成，不断开创工作新局面。二是多干符合百姓意愿的事情。这体现的是党的宗旨观。现在百姓最大的需求就是安全感，有了安全感才能有幸福感。三是会干体

现干部本领的事情。这体现的是党的干部路线的德才观。别人干不了、干不好的事情我们能干，而且能干好，就体现出了我们的素质和本领。四是善干经得起历史检验的事情。这体现的是正确的政绩观。多年之后，回忆起这段从事安监事业的时光，保持了形势的持续稳定，保障了群众生命安全，我们将会感到自豪，内心会充满成就感。

三、进一步加强自身建设

要在形成"安如泰山"文化品牌的同时，打造一支斗志昂扬、素质优良、作风过硬、成绩卓著的铁队伍。重点工作有两个：一个是大力加强应急处置能力建设，解决硬件保障的问题；另一个就是继续抓好队伍建设，解决能管事、管成事的队伍问题。这方面我们已经有了新的气象和成效。我们到基层安监局走访慰问时，欣喜地看到各县（市、区）安监局的同志们都展现了澎湃的工作热情、坚定的工作信心和深入的工作思考。相信有我们这支日益坚强的队伍为支撑，肯定能向市委市政府、向全市人民交出一份合格的答卷。

（节选自 2014 年 1 月 27 日在出席市安监局全体干部职工会议上的讲话，根据录音整理）

"四个对照"看工作

结合安全生产工作需要和形势的变化，特别是结合群众路线教育实践活动谈几点认识。

一、关于借力的问题

党的十八届三中全会，在全面深化改革的同时，确定开展党的群众路线教育实践活动。面对这种形势，我们要正确把握安全生产工作和群众路线教育实践活动之间的关系。要充分认识到，开展好教育实践活动是干好各项工作的前提、动力和东风，二者相互促进，并不矛盾。同时，要积极借活动开展之力，推动安全生产工作再上新台阶，做到"四个对照"：第一，对照教育实践活动的重要意义，看我们对安全生产工作的认识是否到位。教育实践活动的意义在于改善党群关系、密切党群联系、巩固党的执政地位。安全生产工作的宗旨是确保人民群众的生命财产安全。如果群众的生命财产安全得不到保障，就无从谈改善党群关系、密切党群联系。从这个角度看，可以说安全生产的好坏是衡量教育实践活动成效的重要标准之一，我们决不能因为开展教育实践活动就放松了安全生产，而是通过开展教育实践活动，更好地抓好安全生产工作。第二，对照教育实践活动的方法，看我们的工作力度是否到位。开展教育实践活动就是要照镜子、正衣冠、洗洗澡、治治病，安全生产同样如此。要通过深入企业严格检查执法，让企业不断端正认识、健全制度、整改隐患。所以，我们执法检查还要进一步加大力度。第三，对照教育实践活动的标准，看安全生产工作的实效是否到位。教育实践活动的标准是要解决问题、务求实效。抓安全生产工作也要不断查找问题、解决问题。要通过我们的工作，看企业重视程度是否充分、职工安全意识是否强化、隐患整改是否彻底、问题解决是否到位，确保取得实实在在的成效。第四，对照教育实践活动的目标，看安全生产长效机制建设是否到位。教育实践活动的目标是实现党和群众的血肉联系，强化党群鱼水关系，并确保这种关系和联系常态化、持久化。安全生产工作也必须形成长效机制，从根本上解决事故隐患和存在的问题，才能实现安全生产形势的持续稳定好转。总之，开展教育实践活动不仅不影响安全生产工作，而且更有助于各项措施的推进。稳定良好的安全生产形势，对教育实践活动是锦上添花；安全生产出了问题，教育实践活动就谈不上成功。我们应当以此为标准，把这两项工作紧密结合，切实消除模糊认识和思想偏差。

二、关于方法的问题

就是要继续强化倒逼制，切实加大工作力度、整治力度和惩罚力度，在解决具体问题上下狠功夫。从暗访的情况看，个别企业的主体责任根本就没到位，安全生产基本处于无人管的状态，甚至根本就没想去管。这种情况说起来很可怕，仔细想想更后怕。大家一定要统一认识：如果说全国的大检查有结束的话，那么泰安的大检查永远不会结束。因为部分企业的主体责任落实不到位，各种隐患还是层出不穷，一些同志在思想上没有真正把安全生产放在应有的位置，我们就必须痛下狠心，每月通报批评一批、限期整改一批、停产整顿一批、关门"大吉"一批，否则就不可能杜绝重大问题的出现。要通过这种方法，形成更加高压的态势。谁和安全生产过不去，就等于和人民群众过不去；谁和人民群众过不去，党政府就坚决和谁过不去。

三、关于手段的问题

推进安全生产工作，除了依靠人力的付出、依靠敬业精神、依靠科学方法之外，也必须依靠科技手段，加快信息化建设步伐。市里下决心建设省内一流、国内领先的安全生产综合监管系统，特别是应急指挥系统。确保万一出了问题，我们能够有完备高效的应急指挥系统，有充足强大的应急救援队伍，有科学适用的处置手段。在投入方面，市政府将给予充分支持。各个县（市、区）也要重视这项工作，本着"缺什么补什么"的原则，高标准抓好安全监管、应急救援的信息化建设。

四、关于基础和创新的问题

要正确处理好基层基础工作和创新的关系。首先要扎扎实实地做好基层基础工作，先打基础再创新，打好基础再创新。没有坚实的基础，再好的创新也只会昙花一现。就像开展教育实践活动一样，关键要把"规定动作"做好、做扎实，在此基础上再力所能及地探索创新的做法。撇开"规定动作"去搞创新，各级党委通不过，人民群众也不会满意。安全生产也是如此，如果基层基础工作不扎实，导致频繁出事、疲于应付，有什么资格搞创新？所以，必须高度重视基层基础工作，以此为基础再去创新，以进一步推动全市安全生产工作上水平、上台阶。

五、关于信心的问题

泰安的安全生产工作已经进入转折期、迈入新时期，这对我们提出了更高的要求和更严的标准。要发扬"勇于负责、敢于负责、善于负责"的精神，勇于迎接新的挑战。我们之所以把月督导与安委会成员会议结合召开，就是因为在确保全市安全形势稳定这个问题上，各单位负有共同和一致的责任，面对的是同一个挑战。一定要同舟共济、同心同德、齐心协力，把泰安的安全生产工作抓好，努力实现"山上不着火、路上不撞车、井下不冒顶、企业不燃爆、工地不塌架、意外不出现"。实现了这"六不"，泰安就"六六大顺"。同时，我们抓安全生产不能被动地抓，要站在一定的高度去把握主动权，既要深进去研究规律，又要跳出来看清大势，在把握主动权的情况下研究谋划工作办法。要做到这一点，关键是我们要有信心、要有底气、要有坚强的党性觉悟和过硬的个人品德。唯有这样，我们才会有更多的方法、更有效的手段，才能把工作做得更扎实、更稳妥。

（节选自 2014 年 2 月 25 日在市政府安全生产月督导工作泰山区会议暨安委会第二次成员会议上的讲话，根据录音整理）

突出重点监管领域

为做好当前我市安全生产工作，要重点关注以下几点。

第一，确保生产经营旺季成为安全事故淡季。进入二季度，工业、农业、交通运输、商贸流通等各个方面都进入生产旺季。全市上下各级领导要继续忠实履行党政同责的安全生产责任，在确保生产经营形势稳定好转的同时，必须实现安全生产事故的淡季。

第二，确保重点监管领域不能成为安全事故的热点领域。从全省情况看，一季度部分重点监管领域特别是交通运输、森林防火等方面出现了一些较大以上事故。虽然我市形势相对比较好，但交通运输、森林防火、建筑工地、危化品生产运输和矿山企业这些领域仍然是我们的监管重点。目前我们的监管措施、监管责任、主体责任都很明确，一定要确保这些重点领域不出大问题，在"百日行动"期间乃至全年都不能成为安全事故的热点领域。

第三，确保通过扎实、深入、细致的工作，保持全市安全生产形势持续稳定。从领导体制上，我们实行的是"党政同责"的体制；从管理体制上，我们实行的是县（市、区）安委会和市政府18个专业委员会条块结合的管理体制；从运行机制上，我们实行的是倒逼机制；从工作方法上，我们实行的是查问题、月督导；从考核办法上，我们实行的是"只要不出问题就是好单位"的导向。这一系列的机制和方法，全市各级要继续落实、落实、再落实，通过我们扎实、深入、细致的工作确保全市安全生产不出大的问题。

第四，确保安全生产工作的良好成效成为全市党的群众路线教育实践活动的锦上之花。群众路线教育实践活动已经全面展开，衡量这项工作成效的标准之一就体现在安全生产上。在教育实践活动期间，任何地方都不能因为安全生产出现问题而影响了活动成效。换句话说，要通过我们的工作确保全市安全生产不出大问题的良好局面，为教育实践活动锦上添花。

要继续通过倒逼机制来不断查找问题、不断解决问题。同时，要使安全生产方面的问题总量不断下降，隐患性质不断降低，不能越查问题越多，越查问题越严重。各县（市、区）党委、政府和十八个专业委员会的主管部门，要进一步加大工作力度，强化责任意识，确保全市安全生产形势持续稳定。

（节选自 2014 年 3 月 31 日在全市安全生产电视电话会议上的讲话，根据录音整理）

安监队伍永远在"战场"上

基层工作任务繁重、十分辛苦，特别是当前经济社会各项改革进入全面深化时期，在此我想给基层的同志，特别是各位乡镇长提三点建议：

第一，要把握大局，善于抓重点、抓难点、抓热点、抓亮点。党委书记要把握大局，统筹全面工作；乡镇长同样要把握大局，以更好地落实党委意图。在把握大局的前提下，要善于抓好重点、难点、热点和亮点。抓重点，就是从当前实际出发，抓好经济发展工作，这仍是我们的首要任务；抓难点，就是切实解决工作中的难题，特别是安全生产；抓热点，就是稳定、维权等社会关注面广、群众影响面大的领域，我们不能成为负面热点，存在的苗头问题要科学妥善地提前化解；抓亮点，就是在扎实工作的基础上积极创新。抓好这四点，我想乡镇的发展才能更好，乡镇长的作用才能发挥得更好。

第二，要加强学习，强化修养，既当多面手又当行家里手。乡镇长身处一线，是具体执行党委决策的最前沿。"上面千条线，下面一根针"，对方方面面的工作都要有所把握、有所涉猎，当好多面手。同时，对重点工作，特别是急难险重的任务，必须要深入研究、思考，有解决问题的好办法，成为行家里手。

第三，对安全生产工作，要做到脑中有弦、心中有数、手中有法、面上有效。所谓脑中有弦，就是头脑中要时刻绷紧安全生产这根弦。虽然现在实行的是"党政同责"，但政府的责任不可推卸，首先要政府负责。这能够体现一名领导干部的党性和人品。所谓心中有数，就是辖区范围内有哪些重点企业、哪些危险源、哪些隐患、哪些不能放心的人，乡镇长们都要清清楚楚、明明白白。所谓手中有法，就是要有科学适用的工作方法。安全生产源自一点一滴的工作，安全事故往往是因为一时一刹的疏忽。要立足安全生产工作的特点，找准工作方法。所谓面上有效，就是不出问题，至少不能出大的问题。作为身处乡镇党政一把手位置的同志，特别是在这些位置上的年轻领导干部，一定要切记：抓好安全生产，等于为自己的成长铺平了道路，为自己的发展消除了障碍。

对全市安全生产工作的整体评价，我认为可以归纳为五点：

第一，各级领导越来越重视，而不仅是挂在嘴上。 从市委、市政府到各县（市、区）、各个部门到各乡镇、街道，对安全生产工作的重视程度都越来越高。对安全生产这项别的地方不愿管、不敢管的工作，泰安各级分管、主管的同志都勇于负责、敢于负责、善于负责，认认真真、扎扎实实地去完成党委政府交给的任务，体现出了良好的精神状态，展现了我们这支队伍的党性觉悟和责任意识。

第二，各级责任越来越到位，而不仅是贴在墙上。 党委政府的领导责任、部门的监管责任、企业的主体责任包括具体的岗位责任都得到了强化。责任不仅是分下去了，也切实被担起来了，落实到了行动上。

第三，各项措施越来越扎实，而不仅是写在本上。 各项制度和措施更加富有针对性，更加突出问题和隐患的解决。我们通过实施倒逼制、开展月督导、公开通报等形式，切实促进了问题的解决，同时坚决杜绝问题重复出现。

第四，各类问题整改越来越有效，而不仅是说在脸上。 我们推行安全生产倒逼机制，不谈工作成绩，重在查找问题，而且查出的问题都当面通报。各级各地的态度从最初的抵触和不理解变为现在的理性面对，更加就事论事，不再"讳疾忌医"、爱惜面子，做到了定期"查体"，深查"病灶"，对症解决。

第五，全市形势越来越平稳发展，广大群众的满意在心上。 我们抓安全生产工作的根本目的是保障群众的生命财产安全，是为了进一步改善党群、干群关系，是为了使群众越来越满意。如果群众的生命都得不到保障，其他任何利益和福祉都无从谈起。

全市安全生产的工作目标是：坚决杜绝重特大事故发生，努力保持不出较大以上事故，实现全市安全生产形势平稳发展。为了实现这一目标，提出四个要求：

第一，作风建设永远在路上。这是习近平总书记提出的明确要求，也是群众路线教育实践活动的根本要求。抓任何工作都需要扎扎实实，来不得半点虚假，抓安全生产更是如此。我们必须树立扎扎实实、兢兢业业的工作作风。

第二，神圣使命永远在肩上。抓安全生产，守护的是老百姓的生命，这是我们的神圣使命。只要我们还分管安全生产、从事安全生产，就要把这项神圣的历史使命扛在肩上。

第三，繁重任务永远在手上。凡是与安全生产有关的工作，凡是涉及群众生命财产安全的工作都是我们的任务，必须牢牢抓在手上，一刻不能放松。

第四，安监队伍永远在"战场"上。各县（市、区）党委、政府必须进一步加强安监队伍建设。作为分管副市长、市安委会主任，我会义不容辞地带领好这支队伍，指挥好这场永不会结束的战斗，也希望全社会都能更加关心这支队伍、参与这场战斗。目前全国、全省的安全生产形势比较严峻，泰安的形势虽然平稳，但不确定因素还很多，需要安监队伍继续发挥好作用。安监队伍要进一步强化"钦差大臣、平安菩萨、忠诚卫士"三大定位，进一步发扬"勇于负责、敢于负责、善于负责"三大精神。

（节选自 2014 年 4 月 25 日在市政府安全生产月督导工作岱岳区会议暨安委会第四次成员会议上的讲话，根据录音整理）

正确理解"本质安全"

现在各级都强调"本质安全",我的理解,所谓"本质安全"就是即使出了事故也不能存在人为的因素,这就需要各有关部门把各自的安全监管职责切实履行好。安全生产谁来分管、谁担责任必须一清二楚,切实做到有人负责、真能落实,也将此作为我们践行群众路线、转变工作作风的一大举措。

第一,要认真检查在一片重视声中还有没有重视不够的地方。就是要切实解决领导重视不足的问题。当前,安全生产实行"党政同责"的体制,党政主要负责同志要亲自抓,尤其要将抓好安全生产作为深入开展群众路线教育实践活动、加快作风转变的重要载体,因为人命关天,生命安全是群众的最基本利益。各个部门特别是各个专业委员会的牵头和主管部门,要进一步提高重视程度,认真重新审视各自工作中的薄弱环节和存在问题。

第二,要认真检查在认为没有什么问题的情况下还有没有尚未发现的隐患。就是要切实解决深入排查的问题。现在我们最大的担心是还有隐患和问题没有发现。如果真存在这种隐患和问题,就很可能在没有防备的情况下造成不可挽回的重大损失。这就要求我们进一步深入排查、反复排查。我们不能怕麻烦,因为唯有不怕麻烦才能减少麻烦。

第三,要认真检查在认为平时比较正常情况下还有没有不正常的情况发生。就是要切实解决预先防范的问题。各有关部门尤其是医院、学校、工地、企业等重点部位的主管部门,要跳出惯性思维,打破常规定式,在原有工作的基础上再看、再查、再找,看表面正常的情况中还有没有不正常的苗头性问题,一旦发现要及时坚决预防消除。我们不能抱侥幸心理,对潜在事故只能信其有、不能信其无,要将其提前消灭在萌芽阶段。

第四，要认真检查在普遍认为已经尽到责任心的情况下还有没有未尽到责任心的地方。就是要切实解决深入细致的作风问题。我们结合教育实践活动，强调了安监队伍的作风建设要永远在路上，神圣使命要永远在肩上，繁重任务要永远在手上，我们这支队伍要永远在"战场"上。这些都要求我们进一步强化责任意识，认真履职尽责。基于这方面考虑，今后每次安全生产会议都将邀请监察局的同志参加，并且在通报检查情况的同时也将通报参会情况，除极特殊情况任何人不允许请假、替会。对此，希望同志们正确看待，做好思想准备。我们必须进一步明确责任，以扎实有效的工作和持续平稳的安全形势，确保人民群众的生命安全，确保每一名干部的政治生命安全，确保泰安良好的整体形象。

（节选自 2014 年 5 月 13 日在市政府安委会汛期安全防范工作调度会上的讲话，根据录音整理）

越是困难时期越要绷紧
安全生产这根弦

通报问题的过程，就是警钟长鸣的过程，就是一条一缕地提醒大家，进一步引起高度重视，确保问题解决的过程。我们唯有不断地发现问题，不断地解决问题，才能确保持续不出问题。

一、深刻认识和认真把握"党政同责"的总体要求

"党政同责"是针对当前中国发展阶段的实际情况，特别是在重特大事故频发的背景下，党中央站在全局和战略的高度提出的一项新要求。作为执政党，"党政同责"应该是安全生产管理的题中之义，落实"党政同责"也应该是各级党委政府的共同责任。党中央重申这个问题，说明问题已经到了非解决不可的程度，各级党委政府必须按照党中央的要求，按照习近平总书记的要求，进行具体落实和深化，切切实实体现在工作中。如何认识"党政同责"，应该体现在几个方面：第一，这是大局中的重要一块。无论是泰安市还是各个县（市、区），都是相对独立的区域，经济、政治、科技、文化等自成一体。作为党政一把手，必须全面掌控本地的大局。经济社会发展到目前阶段，安全生产事故已经成为对广大人民群众切身利益的重大威胁，安全生产工作必须作为大局工作的重要一块。对此，党中央已经上升到"安全发展"的高度，因为安全发展是科学发展的前提。各县（市、区）在整体工作的摆布上，有没有对安全生产工作的规划和部署，就能体现县（市、区）委、政府的大局意识和全局观念。第二，这是领导中的重要一方。作为领导干部，要领导有方，要讲究领导艺术。有的县（市、区）主要负责同志对安全生产高度重视，每年元旦都亲自带队开展安全生

产检查，并且已经形成了惯例，这就在当地全党、全民中树立了很好的导向，从新年的第一天开始就要关注安全生产。其他县（市、区）是不是都做到了这一点？当然，采取的形式可能不一样，但是作为一名领导干部来讲，是不是领导有方，很大程度上就体现在对安全生产工作的重视和领导上。安全生产工作不出事不会添彩，但出了事就会抹黑、扯后腿，这一点各级领导干部特别是党政主官要做到心中有数，在领导本地发展的过程中，确保安全生产不出问题。第三，这是工作中的重要一环。我们开展任何工作都不能忽视安全，要作为环环相扣的工作链条中最重要的一环来切实抓好。安全生产的重要性、安全事故的危害性是毋庸置疑的，其他环节时抓时松可能不会"掉链子"，但安全生产这个环节抓得不好，整体工作就肯定会脱节。第四，这是考核中的重要一项。近期，国家安监总局又重申了"党政同责"问题，并提出了"五个全覆盖"等新要求。比如，总局要求各级安监部门每季度要向同级组织部门提报各个单位、各个地方安全生产的情况，这就释放出一些新的重要信号，可能下一步提拔任用干部特别是主要领导同志时，在审核纪检部门、计生部门等提报的"一票否决"内容之外，也要看在安全生产上有没有问题。我市科学发展考核体系中，也已经加大了安全生产的考核权重。所以说，作为分管和主管安全生产的同志，包括具体从事这项工作的同志，我们有责任、有义务来正确而深刻地领会"党政同责"的深刻含义和下一步发展的要求，也建议党委政府的主要负责同志要端正对"党政同责"问题的认识。第五，这是名声中的重要一条。名声，听上去是虚的，在人心中却是实的，对名声的重视向来是中国人的优良传统。作为一名党员领导干部，在一个地方、一个单位工作可能不过三五年，但离开这个地方、这个单位后留下什么样的名声很重要。如果提到一名领导干部，都评价说对安全生产很重视，对百姓的安全很关注，也确实没出事，有这样一个好名声是最可宝贵的；如果都评价说这个干部对安全生产不重视，从来不过问，拿着老百姓的生命当儿戏，这一正一反的悬殊就大了。从这个角度来说，即使不开展党的群众路线教育实践活动，作为一名领导干部也要把安全生产高度重视起来，确保不出问题。

二、建立和落实长效机制

抓安全生产必须抓长效机制。现在我们的领导体制、监管体制、主管体制包括责任分工体制都已经很明确。比如领导体制就是"党政同责"，我们不能等出了问题之后再来划分谁来承担多少责任，而是要在工作上明确责任，哪个领导负责哪些工作都要清清楚楚。从这个方面入手来解决问题，来防患未然，这是长效机制建设的重要前提。就长效机制的建设问题，我们已经有了很好的探索，包括现在实行的安委会抓"块块"，专委会抓"条条"，条块结合解决纵到底、横到边的问题，包括月督导制度等，都是安全生产长效机制的重要内容，关键是抓好这些机制的落实。我们既要立足眼前，通过不断地排查隐患，从源头上解决问题，又要着眼长远，探讨、推进、实践地方政府的安全生产科学预防体系，研究治本之策。当前，全市上下包括一些企业都积累了很多搞好安全生产的新经验，创造了很好的安全文化，这些都应该成为安全生产长效机制建设的重要内容。安全生产的长效机制建设，关键要有长期作战的思想准备，要有长期作战的战略战术，要有一支精干过硬的安监队伍。市委市政府对我们这支队伍的工作是满意的，我们要继续发扬好的作风，一定要把长效机制落实好，确保不出大的问题。

三、持续改进工作作风

改进作风要长期持续，不能忽冷忽热，不能出了问题就高度重视，事情过去就麻痹松懈。要持续改进作风，必须要在"深、细、实"上下功夫。深，就是作风要深入，查摆问题要直达穴位，找准问题的症结；细，就是要具体到毫发之间，因为许多事故的发生都在转瞬之间，问题就出在细微之处的细节；实，就是把存在的问题、发现的问题，包括未发现的问题，都要从实处着手，真抓实干，切实解决。经过这次党的群众路线教育实践活动，各级震动都很大。我们抓安全生产监管也要学习这种精神和方法，要借群众路线教育实践活动的契机，确确实实持续改进作风，真正做到深入基层、深入实际，解决问题。我市安全生产这几年做得不错，但是我们一直慎言成绩，就是为了腾出精力，扎实解决好各种问题和隐患，从事这项工作的同志都要更加深入、细致、扎实。

四、面对当前困难的经济形势，要振作精神，切实守住底线

目前，全国经济可以说缓中趋稳、稳中有进，泰安的形势也是如此，但是一些行业领域确实还面临很大困难，特别是煤炭、化工、建材等传统行业。面对这种形势，我们要想方设法克服困难，通过开拓市场、对外整合资源、内部管理降低成本等措施，尽可能地遏制经济下滑的局面，但是安全生产绝对不能放松，而且应该更加抓紧抓好。市里已经安排对各个地方煤矿的情况逐一进行清理，包括生产经营状况、安全生产管理情况、干部职工队伍的思想状况等。市、县两级都要把这项工作高度重视起来，作为近期的重点工作切实抓好，为市委、市政府提供最真实的情况，提出最可靠的建议。在安全生产上，我们不能满足于不出较大以上的事故，要争取做到不出人命。出一个事故，死亡1—2人，表面上看不是较大事故，但对一个家庭来讲就是塌天大祸。有些领域的事故我们不可控，例如交通事故，但是对工矿企业、建筑工地等其他重点行业领域，尤其是效益不好的煤矿企业，我们宁肯放假、停产，也不能因为职工心不在焉、精力不集中等主观因素导致事故。这方面各级要更加重视，越是在经济困难的情况下，安全生产这根弦越要绷紧。我们要增强信心，坚定信念，越是面对眼前困难的形势，越要清醒地认识到安全生产面临的新挑战，特别是各个企业的主要负责人，在考虑效益、市场、成本之前，一定要确实把职工的生命放在第一位。

（节选自2014年7月24日在市政府安全生产月督导工作暨安委会第七次成员会议上的讲话，根据录音整理）

突出行业特点　抓好安全生产

就做好各行业领域的安全生产工作，谈几点意见：

第一，纳入大局，列入议程，进一步落实责任体系。从中央到地方，都已经把安全生产工作纳入党委政府的工作大局。各部门、各单位、各行业领域作为大局中的一个局部，也有本部门、本单位、本行业领域相对的大局，一定要把安全生产纳入其中，将其作为整体工作中一个重要的部分，而不能作为可有可无的工作。所谓纳入大局，就是要列入重要的议事议程，最终落脚到落实"党政同责、一岗双责"的要求上。安全生产是一个社会、一个国家、一个民族文明进步的标志。经济基础决定上层建筑，随着中国经济社会的发展，经济迈向新常态化，我们各项工作也要进入一个新的常态化。社会的进步程度、文明水平，将越来越体现在"人人皆知安全生产、人人参与安全生产、人人保障安全生产"上，最终确保全社会的安全运行。希望各级各部门进一步把这项工作重视起来。

第二，突出行业特点，抓住工作重点，确保不出任何问题。我们一再强调的底线是不能出人命。要守住这条底线，就要从本行业的特点出发，突出重点部位和重大隐患，及时整改化解，确保不出任何问题。对本行业、本领域安全生产的管理水平，可以折射出我们的领导能力、掌控能力和解决实际问题的能力。在此重申，今年全市安全生产工作的目标是全年不发生较大以上事故。这是全市所有行业、领域的共同目标，也是各行业主管部门的共同责任。任何行业出现了问题，市政府都将严肃查处、从重处理。这保障的是泰安人民群众的生命安全，体现的是全体泰安人的尊严。

第三，加强教育和培训，提高全员安全意识和安全技能。要通过教育强化安全意识，通过培训增强安全生产的技能。这方面教育系统做得很好，从小就全方位地培养学生的安全意识和技能，而且事无巨细，体现了高度精细化的管理水平。这种严谨的教育可以潜移默化地使孩子们养成安全的习惯行为，对于他们的成长，以及成年以后从事各种工作、照料家庭，都会起到很好的指导作用。通过安全生产教育养成全民的习惯行为，不仅能够解决安全生产的问题，一定程度上也决定了一个民族的成长和希望。安全生产关乎人的生命，真正是"人人有责"，要抓好安全生产，必须做到"全民受教育、全员经培训"，因为教育解决意识问题，培训解决技能问题。今后，我们要把安全生产的教育培训工作作为一项重要的基础性工作，切实做到重点调度、重点扶持。

第四，不断总结经验、改进工作，提升我市民生事业的安全化管理水平。发展民生事业、改善群众生活是一个不断追求完美的过程，安全生产保障的是人民群众的生命安全，可以说这是最大的民生。特别是泰安作为旅游城市，每年数千万人员流动，进山的就有几百万，而且随着经济社会的发展，来泰游览的人民群众越来越多。泰安市的民生事业发展要实现某种"完美化"，就必须在搞好教育、卫生、养老等事业，惠及民生的同时，把安全问题切实解决好。我们不能让人民群众在日常生活中、在外出旅游时，时刻为了自己的生命安全担心。这就要求各个行业的主管部门，尤其是教育、卫生等民生事业的主管部门，要进一步增强责任感，不断总结经验、研究办法、改进工作，使本行业的安全生产工作有新提升，进而实现泰安民生事业再上新水平。其他行业，比如工矿领域，也可以组织到教育、卫生系统来考察学习借鉴一下。虽然行业不同，工作特点和重点各异，但抓好工作的精神是一致的，思路和导向是相通的。

（节选自2014年9月26日在市政府安全生产月督导工作安委会第九次成员会议上的讲话，根据录音整理）

对新法要有新认识

围绕新《安全生产法》的宣传贯彻工作，结合我市安全生产工作实际，谈几点意见。

一、进一步深刻认识新《安全生产法》颁布实施的重要意义

新《安全生产法》的颁布和实施，第一，体现了以人为本，构建和谐社会的崇高理念。"以人为本、生命至上"的理念全程贯穿在新《安全生产法》各个条款之中，这是构建社会主义和谐社会的必要前提。第二，体现了安全发展作为科学发展前提的突出地位。新法将坚持安全发展写入了总则，也就是我们一直强调的"科学发展是主题，安全发展是前提"，说明我们对党中央、国务院决策精神的理解和把握是正确的。第三，体现了我们党确保人民群众的生命财产安全，特别是生命安全的宗旨意识。习近平总书记等中央领导同志多次指示和强调：发展决不能以牺牲人的生命为代价。我们贯彻新法，抓安全生产工作的宗旨，就是尽量不出事故、不出人命，减少事故对群众的人身伤害。第四，体现了安全生产工作对各级领导干部政治生命的重要意义。各级各部门在监管问题上如果不尽职，或者虽然尽职但还是出了问题，那同样要受到责任追究。要从这四个方面深刻理解新法颁布实施的重要意义，提高贯彻落实新《安全生产法》的自觉性。

二、深入抓好新《安全生产法》的学习宣传贯彻

党的十八届四中全会主题就是依法治国。今后中国要实现国家治理体系和治理能力的现代化，根本就要靠法治。新《安全生产法》的颁布，为

我们依法开展安全生产工作提供了根本依据，特别是为所有从事这项工作的同志们提供了基本遵循。就新《安全生产法》的贯彻落实，市政府安委会办公室要结合实际，制订切实可行的方案，让全社会特别是各个主管部门、监管部门以及作为主体责任的企业，都要知这个法，懂这个法，贯彻落实这个法。重点要做到以下几点：一要突出抓好各级领导干部对新法的学习。各级领导干部特别是经济口的干部，要按照安全生产"三个必须"（管行业必须管安全、管业务必须管安全、管生产经营必须管安全）的要求，立足自身职责，带头学习领会新法的基本条文，认清所承担的安全生产责任，切实履行好各自职责。二要重点抓好生产经营企业对新法的学习。企业是安全生产工作的主体，企业主要负责人、关键岗位人员对新法的学习和领会如何，决定了新法宣传推行的成效。必须做到《安全生产法》进企业、进厂房、进车间、进班组、进岗位，既使用灌输性、强制性的措施，也要将新法贯彻落实到生产经营的各个环节，切实发挥企业的主体作用。三要全面抓好新法在全社会的宣传。在法治社会里，只要在中国的版图上，每一个企业、每一名公民就必须按照法律办事，因此必须抓好新法在全社会的宣传。要让新法宣传进学校、进医院、进社区、进家庭、进入社会每一个领域，让全社会都能进一步提升安全防范意识，强化安全保护技能，不断增强安全生产的理念、意识和氛围。

（节选自 2014 年 10 月 23 日在全市宣传贯彻新《安全生产法》会议上的讲话，根据录音整理）

越是形势好越不能掉以轻心

结合当前形势和月督导的情况，强调几个方面：

一、思想要再重视

安全生产工作不能时抓时停、抓抓停停，必须持之以恒地高度重视。唯有思想上重视了，才能掌握工作主动权，才能不断解决工作中出现的问题。尤其在当前这一重点时期，要注意三点：第一，越是形势好越不能掉以轻心。截至目前，全省今年没有发生较大以上事故的市有四个，泰安是其中之一。这种好的形势，是全市上下尤其是安监工作者辛勤付出、真抓实干的结果，值得充分肯定，但同时也给我们提出了更高要求。在好的形势面前，我们更加不能掉以轻心，不能有丝毫懈怠。第二，越是到了年底越不能掉以轻心。目前全市工作尤其是经济领域的主基调是力争完成年度目标任务，可以说到了冲刺和收尾阶段。各个行业、各个企业生产经营任务越来越重，各个部门的工作压力也越来越大。在这种形势下，安全生产决不能松懈，决不能因为生产压力导致安全生产出问题，这是各项工作的底线。第三，越是其他地方出问题我们越不能掉以轻心。我们干工作、谋事业，有两种方法成本最低、收益最大，一个是学习别人的经验来提升自己，一个是吸取别人的教训来修正自己。刚才，通报了近期省内发生的2起重大事故和1起较大事故。分析这些事故，无一例外都能找到具体的原因和问题，有的是因为监管不力、主体责任不落实，有的是因为内部管理混乱、员工培训不到位，等等。我们要把别人的事故当作自己的事故来分析，把别人的教训当作自己的教训来吸取，不能心存侥幸、掉以轻心。

二、重点要再突出

安全生产工作的重点，从面上讲就是各个重点行业和领域，从点上讲就是隐患和问题。各县（市、区）、各主管部门要围绕这些重点领域，有针对性地强化工作措施，切实抓好监管和落实。对已经发现的问题要及时整改，对可能存在的问题要深入排查。

三、责任要再落实

无论是政府领导责任、部门监管责任、企业主体责任还是员工岗位责任等，都要真正落到实处。这方面新修订的《安全生产法》中有清晰的界定，要结合新《安全生产法》的宣传学习贯彻，不断予以强化。下一步，要在全面推进新法宣传，做到进厂房、进车间、进班组、进岗位的基础上，采取硬性手段，通过抽查等方式，督促企业法人或实际控制人、分管安全生产的责任人、高危岗位工作人员等重点人群都做到学法、知法、守法，确保新法宣传贯彻取得实效。

四、检查要再密集

市县两级政府和各主管、监管部门要制订专门方案，进一步加大对本地区、本行业领域安全生产的排查、抽查和突击检查力度，特别是对重点行业领域、重点单位和重点部位，要依托专家和专业技术力量全面深入地予以清查，切实发现问题、消除隐患。虽然大多数企业都是规范有序的，但是确实有个别单位对安全生产不重视、主体责任不落实，需要我们坚决采取强制手段，督促他们整改问题，确保人民群众生命安全。

五、工作要再上心

对安全生产工作，各县（市、区）和各个部门分管的同志必须有所侧重，在思想重视的基础上，再上上心，结合各自实际，研究针对性的办法。市里已经决定在当前这一重点时期再次实行周调度制度，各县（市、区）、各个部门都要主动寻求适合本地区、本行业特点的新手段、新措施，不断推进安全生产工作再上新水平。我们要充分认识到，抓安全生产工作的出发点不是为了完成指标任务。每一个事故背后都是人命，都是一个家庭的塌天大祸，我们作为党员领导干部，作为一个有良知的人，都应该尽最大努力来确保不出事故、不出人命，不辜负组织和人民的重托。

（节选自2014年11月21日在市政府安全生产月督导工作高新区会议暨安委会第十一次成员会议上的讲话，根据录音整理）

初步探索篇

全面整治篇

构建条块结合、以条带块、全覆盖式的
综合工作格局

这几年泰安的安全生产形势比较理想，连续三年没有出现较大以上事故，省委省政府、市委市政府领导都比较满意，关键是全市人民很满意。良好的工作成果来之不易，得益于各级领导的高度重视，得益于企业主体责任的进一步落实，也得益于全市人民的安全生产意识显著增强。同时，从刚才市公用事业局、质监局的汇报中，也体现出各个行业主管部门对安全生产的高度重视，排查隐患持续不断，解决问题毫不手软。我们唯有一个行业一个行业、扎实深入地开展工作，才能确保全市不出问题。所以，今年市政府调整了安全生产工作思路：横向上突出县（市、区）属地管理责任，做到横到边；市政府主要在纵向上用力，着重抓行业领域的督导和检查，进而带动面上问题的全面解决。通过这种思路和体制的调整，实现条块结合、以条带块、全覆盖式的综合工作格局。各级各部门要及时调整思路，抓好工作落实。

一、要切实增强责任意识

说到底，安全生产的责任无非就是主管部门责任和企业主体责任，因为政府的属地管理责任最终也要落脚到这两个责任来体现。这两个责任落实得好，就能把问题解决好，进而确保不出问题。任何一起事故，追究到最后都能找到领导责任和主管责任，无一例外。就上海踩踏事件来说，虽然是称"事件"不称"事故"，但是也要追究处理领导责任，而且是从严从重追究，就是为了对社会、对死者、对死者家属有个交代。包括青岛"11·22"输油管道燃爆事故，遇难62人，纪律处分或追究法律责任63人。

从对这些事故或事件的处理中，折射出的是从中央到地方对安全生产工作的高度重视、对城市公共安全的高度关注、对人的生命和尊严的高度尊重，同时也体现了对安全责任的严格落实和严肃追究。市政府已经明确，今年全市安全生产工作的底线是继续坚决杜绝较大及以上事故，最好是不出人命。我们多次强调，说起某个事故死了多少人，听起来只是简单的数字，但是对死者家属来说可是塌天大祸。我们研究安全生产工作、抓安全生产工作，都必须设身处地、切切实实强化责任意识，而且不仅要这样讲，在实际工作中要时时刻刻体现出来。随着经济的发展、社会的进步，从中央到地方对安全生产工作都体现出前所未有的重视，没有任何一个时期像现在这样全党抓安全、全民抓安全，我们要认清形势，把各项责任落到实处。

二、要摸清底数，做到心中有数

要摸清三个底子：第一，燃气管网的底数。包括总管道多少、气瓶多少，必须要摸清，做到心中有数。不仅主管部门要摸细底数，各个县（市、区）对本地燃气管网情况也要一清二楚。第二，隐患的底数。对管网维护、燃气供给、终端使用等各个环节中存在的问题和隐患，各有关单位要搞清楚。随着经济的发展和人民生活需求的增加，燃气安全隐患和问题会持续发生动态变化，所以我们排查隐患也要持续不断、保持动态。第三，整改的底数。排查出来的问题是否都及时进行了整改、成效如何，这个底数要搞清楚，决不能因为整改环节的疏漏造成事故。总之，安全生产责任很具体，主管、监管责任落实不到位要处理，排查问题不彻底要处理，查出问题整改不力也要处理。而且按照省委要求，对安全生产责任的追究要顶格处理、从严处理。所以说，我们一定要摸清底数，做到心中有数。

三、要持续不断查隐患、抓整改、见实效

中纪委全会强调抓党风廉政建设和反腐败斗争要"驰而不息"，我想我们抓安全生产工作也要驰而不息、动而不停。经过几年实践，我们越来越能感受到，抓安全生产工作的规律就是这样一个过程，即持续不断地发现问题、持续不断地解决问题，进而确保持续不出问题。在当前生产力条件下的中国，在当前发展阶段的泰安，就是要保持这样一个状态。我们抓安全生产工作要时时刻刻、方方面面都不松懈。只要分管、主管这项工作一天，就要一刻不停地查隐患、抓整改，争取更好成效。

四、打非治违，严格执法

随着安全生产监管责任的明确、监管体系的健全，越来越多的领域纳入规范管理，可以让我们相对放心一些。但要清醒地看到，安全生产事故主要源于各类非法违法生产经营行为所导致的一系列问题，比如非法油改气等。这些问题隐蔽性强、监管难度大，但是一旦爆发后果不堪设想。这就要求各部门尤其是执法监管部门要严格执法，下狠心、出实招，对排查发现的或者群众举报的问题，坚决严厉打击，决不手软，让非法违法行为无处遁形。

五、做好春节前后节日安全工作

临近春节，人民群众沉浸在祥和的节日气氛中，很容易淡化安全意识，但是我们脑中的弦绝不能放松，而且要更加绷紧。特别是燃气安全问题，直接影响到千家万户，要确保不出任何问题。

（节选自 2015 年 1 月 28 日在市政府安全生产月督导城镇燃气、人员密集场所工作会议上的讲话，根据录音整理）

大战略布局、小战术调整

关于烟花爆竹安全监管工作，我讲几点：

第一，安全生产工作必须常抓不懈，驰而不息。在安全生产工作的抓法上，2013 年度市政府"以块保面"，重点抓了县（市、区）的工作。2014 年度是"条块结合"全覆盖，行业督导和属地管理协同推进。2015年，市政府进一步调整了工作思路，突出行业监管，着力"以条带面"上台阶。三年来不同的工作抓法，都是基于我们对安全生产工作形势的研判，基于全市工作的良好基础，基于对安全生产工作规律的把握和未来趋势的展望，是步步跟进的科学调整。通过大战略的布局和小战术的调整，杜绝精神麻痹和斗志疲劳，确保不断发现问题，不断解决问题，从而实现不出问题，至少不出大的问题。

第二，任何事物都是矛盾的统一体。燃放烟花爆竹是中华民族庆贺佳节的传统手段，在增添节日气氛的同时，确实存有一些安全隐患。就像对待烟草和白酒行业一样，我们可以通过倡导和引导来控制其危害，但是不可能完全取缔。在这种矛盾统一中，我们就要研究既能发挥其正面效应，又能减少或者杜绝其负面效应的办法，在两难中寻求最佳平衡点，这就对我们的工作提出了更高要求。

第三，月督导是查找问题、解决问题的最佳手段。今年我们突出重点行业和领域的监督管理，对发现的问题，除了落实企业的主体责任之外，必须明确监管部门的责任，做到精细化、精准化管理，真正实现"以条带块"上台阶的目标。我们抓工作不能泛泛地抓，要不断提升工作质量、效应和科学化水平。

结合今天会议主题，强调四个方面：

一是认识。烟花爆竹是高危行业，烟花爆竹行业的安全监管是全市安全生产工作的重要内容，市政府成立的十八个安全生产专业委员会中就包括烟花爆竹行业。从刚才同志们的发言中可以看出，有关监管部门长期不懈地在抓这项工作，不是到了年底才开始抓。临近春节，烟花爆竹运输、销售较为集中和密集，要在平时高度重视的基础上，进一步抓紧、抓实、抓好。

　　二是重点。我们工作的重点就是人员密集的环境和场所，尤其是各个村镇的集市，必须盯紧抓牢，确保万无一失。

　　三是抓法。就是两手抓，一手抓合法"六环节"的监管。购进、运输、储存、经营、燃放和回收等六个环节中，各个企业的主体责任、各个环节的监管责任都要明确。另一手抓违法"四行为"的打击，对非法生产、非法运输、非法储存、非法销售等行为，要毫不客气地坚决予以打击，彻底清除非法违法行为的"土壤"。

　　四是责任。就是要切实落实好企业的主体责任、部门的监管责任和属地的领导责任这三大责任。

　　（节选自 2015 年 2 月 15 日在市政府安全生产月督导烟花爆竹工作会议上的讲话，根据录音整理）

全面整治篇

信心最为重要

一、要高度重视煤矿系统的安全生产工作

这种重视应体现在三个方面：第一，在对安全生产全面重视的情况下，更加重视煤矿系统安全生产。对安全生产工作，可以说是全党重视、全民关注，特别是习近平总书记提出了"党政同责、一岗双责"的要求，是对安全生产整体工作的顶层设计，也是基本要求。在这种大背景下，因为煤矿生产多人作业、事故高发、危险性高等特殊因素，煤矿系统的安全必然是重中之重，一定要进一步引起我们的高度重视。第二，在安全生产形势全面好转的情况下，对煤矿安全生产更加不能有丝毫麻痹。泰安市已经连续三年没有发生较大以上事故。在这种大形势下，煤矿系统更不能心存侥幸，不能有丝毫放松，就是为了确保煤炭系统不能出问题，至少不出大的问题，继续保持全市安全生产形势平稳。第三，在经济形势全面困难的情况下，更要看到煤炭系统更大的困难。客观来说，当前的经济形势比较困难，煤炭行业更是难上加难。为了应对困难，市政府采取了多项有力举措，专门召开会议，调度研究煤炭系统生产经营和安全生产情况，这在泰安历史上是第一次，包括后来召开的银企座谈会等，充分体现了市政府对煤炭行业的高度重视和关心。但无论形势怎样困难，我们抓煤矿安全生产的信心要坚定不移，一定要打起精神，采取科学的管理办法，积极地迎战困难、战胜困难。

二、要统筹安排，分类监管，切实把安全生产各项举措落到实处

市政府调整了抓安全生产工作的思路，重点是抓行业领域安全生产，

以条带块，通过行业领域的纵到底，带动属地管理横到边。煤矿的安全生产可以分三类：第一类是生产经营正常的煤矿。目前主要是年产 30 万吨以上的矿井，必须在确保正常生产经营的同时，做到绝对安全生产，这是硬性要求。第二类是按政策要求即将关闭的煤矿。特别是新泰的 8 家煤矿，情况复杂，涉及面广，要保持清醒头脑，既要确保安全生产，也要依法按政策妥善做好职工安置等工作，杜绝突击挖煤、隐藏瞒报等问题，不留"尾巴"。第三类是省政府要求移交地方的改制煤矿企业。当前正处于过渡阶段，要厘清职责。山东能源集团作为主体责任，负安全生产直接责任；我们作为地方政府，负监管责任，要依靠主体责任去落实。通过分类监管，进一步明确我们工作的着力点，确保山东煤监局提出的问题得到切实整改。

三、要创新手段，科学监管

在当前的发展阶段，煤炭仍然是第一能源，短期内难以替代，这就使我们处于两难境界：一方面替代能源不成熟，经济社会发展仍然需要煤炭资源的支撑。另一方面我们要对子孙后代负责，追求蓝天白云、绿水青山。这就需要我们创新手段，广泛采用先进的煤炭开采和实用技术，提高资源利用效率，最大限度地减少污染。在安全监管方面也要克服行业低迷等不利因素，保障安全投入，不断提高监管的科学化、精细化水平。我市将重点推进"安如泰山"科学预防体系建设，从寻求安全生产治本之策的角度，通过十二大子系统建设，着力实现本质安全。请煤监局领导继续关注、指导、支持我市的工作。

四、地方监管责任要进一步明确，确保不出大的问题

作为安全生产的第一责任人，市政府敢于担当，多次专题研究，专门成立了 18 个专业委员会，把安监责任落实到每一位副市长，做到了行业领域全覆盖。同时，实行了月督导、倒逼制等一系列新办法、新举措，实现了全市安全生产形势的持续平稳。好的形势给我们带来更大的压力，特别是经济形势下行，煤炭行业困难更大，这就要求我们进一步明确责任，细化措施，强化手段，把煤炭安全这一重中之重的任务完成好。在安监执法

方面，我市将在各个主管部门中推广学习市煤炭局的经验，特别是学习这支班子、这支队伍敢于担当、认真负责、吃苦耐劳的精神，当干部特别是分管安全生产的干部就得有这种精气神，有这种担当精神。

（节选自 2015 年 3 月 3 日在全市煤矿安全监管情况通报会上的讲话，根据录音整理）

进一步提高领导艺术和工作水平

过去几年来，在市委市政府的正确领导下，各县（市、区）、各部门同心协力、敢于担当，在不断强化新举措、取得新成绩的同时，也在不断积累新经验，进而更加坚定了今后抓好安全生产工作的信心。从发言中，我们可以深切地感受到大家对安全生产工作高度的责任感，展现了大家对安全生产认真思考研究的事业心，更体现出我们这支队伍抓工作的领导艺术和工作水平。虽然安全生产工作压力很大，但是很欣慰地看到同志们保持了一种良好的状态，可以说是满怀着一种深厚的感情和澎湃的激情来抓工作。在新的常态下，我们就应该保持这种新心态、新状态，把全市安全生产工作推向新水平。

总结过去的工作，主要有几个特点：

一是各级责任落实更加到位，抓安全生产的主动性更强。我们的工作可以说是一年一个新变化。全市之所以能够保持连续三年没有出现较大以上事故，根本就在于我们以敢于担当的气魄，坚决按照中央"党政同责、一岗双责、齐抓共管"的部署要求，严格落实了责任，从而发挥了个体的能动性，最终抓住了工作的主动权。工作中，各县（市、区）从书记县长到分管的同志、到具体负责的同志，都很好地承担起了这份责任。

二是各项措施更加有力，抓安全生产的实效性更强。过去的几年，我们在继承原来好做法的基础上，从全市层面到各县（市、区）、高新区和泰山景区，都积极立足自身实际，探索实行了一系列行之有效的新办法、新举措，内容涉及领导责任落实、源头治理、倒逼管理、打非治违、基层基础建设、队伍建设等各个方面。这些措施和办法最大的特点就是更加扎实、更加务实、更加有力。抓安全生产确实就得有这样一种扎扎实实的作风。

安如泰山——我的安全生产观

　　三是工作创新亮点纷呈，抓安全生产的科学性更强。我们把握住了安全生产工作的规律，并遵循着这种规律来创新工作，取得了事半功倍的效果。例如，泰山区的培训援助工程，发挥大企业管理规范、理念先进等优势，通过援助培训带动小企业理念和管理上的提升，各类企业安全生产主体责任加快落实；岱岳区实行"三统一"和划片执法的做法，进一步加大了执法力度，也为安监队伍建设提供了有力支持；新泰市建立了循环往复、温故知新的全员常态化自主培训机制，有效确保了企业全员都能掌握安全生产的知识和技能；肥城市狠抓精细化管理，实行班组日查、车间周查、企业月查；宁阳县建立县级专家库，通过政府购买服务的方式保证了隐患排查整改的科学性、专业性；东平县提出的"三个一"做法，即安全生产一刻也不能放松、安全隐患一丝也不能放过、安全检查一点也不能手软，也是一个很好的创新；高新区一如既往地在创新中推进工作，谋划建设安全生产主题公园，是对"安如泰山"科学预防体系的有效填充，也将有力地推进全市安全文化氛围的营造；泰山景区提出的"六个确保"，保证了泰山的安全平稳。除此之外，各县（市、区）、各单位还有很多工作亮点，值得相互借鉴。

　　四是队伍素质更加提高，抓安全生产的信心更强。我想安监队伍抓安全生产工作可以说经历了三个阶段，如果说第一个阶段是过去的被动抓，甚至不愿抓、不敢抓，第二个阶段是兵来将挡、水来土囤式地抓工作，主要矛盾是不会抓，那么当前第三个阶段我们完全做到了敢于抓、勇于抓、善于抓，真正实现了"抓出底气、抓出信心、抓出成效"。我们明确了抓安全生产的目的，那就是为老百姓抓安全，为泰安经济平稳发展的大局抓安全，也是为了我们这支队伍的自尊来抓安全。虽然工作中还存在一些问题，包括主体责任落实的问题、基层基础的问题等，但是有了几年来的经验积累和成功做法，我们应当对抓好今后的工作有更加坚定的信心。

　　根据我的思考和理解，结合大家的发言，再强调几个方面，主要是对一些趋势性问题的把握，为我们进一步掌握工作主动权奠定思想基础。

　　第一，要进一步明确县、乡、村三级的责任体系和企业的主体责任，实现安全生产由"要我抓"向"我要抓"转变。国家安监总局提出建立省、市、县、乡、村五级责任体系，强调"一抓到底、一抓到村"，进一步体现了国家抓安全生产的决心。"一抓到底、一抓到村"的要求蕴含的是一种抓工作的科学方法，就是通过责任体系的建立和主体责任的落实，最终实现由"要我抓"到"我要抓"的转变。客观来讲，部分企业仍然存在安全生产"说起来重要、做起来不重要"，安全生产的要求"挂在墙上、印在纸上，就是没有体现在实际工作上"的问题。这就要求各县（市、区）、高新区和泰山景区要进一步把企业主体责任的落实摆到重要位置，确保抓实抓好。

第二，要继续坚持源头治理和治本之策两手抓，实现安全生产由"病态治理"向科学预防转变。就像一个人想要健康生活就必须定期体检一样，一个地区、一个企业要实现安全发展也必须树立预防保健意识。全市范围内要强力推进"安如泰山"科学预防体系建设，这既是安全生产工作规律的要求，也是适应安全生产形势发展的需要。我们要建立的这种科学预防体系，是立足于过去的良好基础和有效做法，借鉴古今中外、其他地区的成功经验，最终上升到理论高度的一个体系，是大家集体智慧的结晶，反映的是我们对本质安全的不懈追求。各县（市、区）和有关单位要发挥自身优势，有重点地落实、丰富和完善这个体系。

第三，深入宣传贯彻落实新《安全生产法》，逐步实现安全生产由行政管理向依法治理转变。《安全生产法》是我们抓安全生产工作的基本法，是安监工作者的尚方宝剑。围绕新法的贯彻落实，各个县（市、区）都做了很多工作，但这是一项长期的工作，今后要继续加大工作力度，努力实现全社会都能知法、学法、用法。对企业负责人、分管安全生产的人员等重点人群，要通过考试等方式督促他们完全掌握新法。

第四，营造浓厚的氛围，实现安全生产由"上热下冷"向以企业员工为主体的全民重视转变。当前形势下，各级政府、部门无论是主要领导还是分管负责的同志都高度重视安全生产，管行业必须管安全、管业务必须管安全、管生产经营必须管安全的"三个必须"要求已经深入人心，得到了有力落实。但是从社会层面上，仍存在"上热下冷"的问题。必须通过各类媒体、各种渠道、各种方式，营造浓厚的安全生产氛围，尤其要突出对企业员工的宣传，实现企业员工为主体的全民重视安全生产，打造安全生产人人有责、人人自保的良好局面。这是一项长期的、潜移默化的工作，各县（市、区）、各部门要持续抓紧抓实。

以上四个方面是对今后工作的总体导向和要求。几个具体问题我再强调一下：

一是高度关注当前的经济形势。中国经济已经进入新常态，其主要标志是经济的中高速增长、产业的中高端发展，其根本要求是发展必须以质量和效益为中心。这种大形势的变化投射到泰安，受我们既有经济结构的影响，就反映为巨大的下行压力。特别是工业企业，普遍存在"三难三贵"的问题：第一，用工难、用工贵。这个问题一方面原因是年轻人就业观念的变化，像纺织等劳动密集型的企业招不到人，另一方面是源于过高的社保缴费率，加重了企业的用人负担。第二，融资难、融资贵。这是我到县（市、区）调研时企业反映最集中、最强烈的问题。很多企业过去对银行的过度依赖造成了现在资金链极度紧张，加之不良担保圈的存在和银企互信的缺失，总的形势可以说是点上浊浪拍岸，面下暗流涌动。第三，创新难、创新贵。企业没有创新就无法发展，但是创新很难，需要的投入很大，这已经成为困扰企业发展的重大问题，很多的企业或是苦于投入、不敢创新，或是资金不继、半途而废，在蹉跎中错失了创新发展的良机。这"三难三贵"反映了目前困难的经济形势。面对困难我们必须要保持清醒头脑，越是经济困难的时候越要抓好安全生产，反之安全生产抓不好将会导致经济形势更加困难、雪上加霜。希望各县（市、区）、各位安监局局长从大局的高度认识和把握整体经济形势，要看到今年抓安全生产的难度将会更大，我们决不能掉以轻心。

二是切实抓好隐患排查和整改。在当前的社会发展阶段，抓源头治理是搞好安全生产工作的重要环节，也是我们成功的工作经验，是保持泰安安全生产持续平稳的重要法宝。对各类安全生产隐患问题，无论采取什么样的方法，定期查也好，专家查也好，"四不两直"也好，明察暗访也罢，必须毫不间断、驰而不息地盯紧抓死。这虽然是一个笨办法但也确实是一个好办法，是当前抓好安全生产的必由之路。

三是高度重视应急救援能力建设。就市级应急救援系统建设问题，我们已经多次探讨研究，今年要继续作为一项重点任务加快推进。一旦出了事故，我们必须要有快速反应的机制，要有应急救援的方案，而且这些预案不能仅仅停留在纸面上，要真正成为行之有效的机制。下一步要在政府的主导和支持下，突出重点行业领域和重点企业，通过市场化的手段把全市的资源进行再整合，建立科学的应急救援体系，最大限度地减少事故处置中伤亡和损失。

　　四是建设高素质的安监队伍，积极树典型、树品牌、树形象。近年来全市的安全生产形势持续平稳，首先就要感谢我们这支安监干部队伍。我们既有清晰的工作思路又有科学的工作方法，最重要的是我们有良好的精神面貌和扎实的工作作风，我们安监系统有许多优秀的干部，也有很多坚强的团队，我们应该积极把这些好的典型、好的品牌、好的形象树立起来。在推出典型的同时，营造一种良性竞争、相互比学赶帮超的氛围，有利于我们今后的工作取得更好成绩，最终树立起"安如泰山"的文化品牌和"泰安安监"的良好形象。

　　（节选自 2015 年 3 月 20 日在全市安监局长会议上的讲话，根据录音整理）

安全生产的三个高度

前段时间，国务院参事室特约研究员、国家安监总局新闻发言人黄毅同志受邀到我市做新《安全生产法》的辅导讲座，其间听取了全市安全生产工作的情况汇报。黄毅同志对我们的工作给予了充分肯定，并欣然接受担任泰安市政府安全生产工作的特邀顾问。黄毅同志作为国内资深的安全生产专家，长期担任安监总局新闻发言人，能够同意担任我市安全生产顾问，我想是基于三点：一是基于我们扎实有效的工作。泰安是全省唯一连续三年没有发生较大以上事故的市。用黄毅同志的话说，一年不发生较大以上事故可能有运气成分，但连续三年不发生就绝不是靠运气，而是靠工作了。二是基于我们的工作创新。我们着眼于系统创新，搞好顶层设计，建设了基于"安如泰山"文化品牌的地方政府科学预防体系，这是安全生产的治本之策。对此，黄毅同志多次提到并给予了高度评价。三是基于我们这支有力的监管队伍。我们这支队伍是带着感情在抓安全生产，是怀着对党的无限忠诚和对人民群众的无限热爱来抓安全生产，体现出了昂扬向上的精神力量，这在全国都是少见的。基于这三方面考虑，黄毅同志同意担任泰安的安全生产顾问，这是对泰安工作的高度肯定。

一、关于近期面临的形势

近期安全生产工作面临新的形势，主要是几个旺季到来：一是到了生产旺季。虽然今年部分工业企业生产形势不好，但是有市场的好企业仍在开足马力进行生产，我们面临的安全生产压力逐渐加大。二是到了运输旺季。泰安作为省内重要的交通枢纽，各种车辆、各种物流、各种物资频繁往来于辖区内的高速公路、国道和省道。这种聚集式、高密度的车流物流加大了我们的工作难度。三是到了旅游旺季。近几年进山和过境游客数量逐年增加，去年达到五千多万人次，进山游客数量超过五百万。加之周边县市旅游景点日益完备和成熟，预计今年游客数量仍将持续增多，保安全的难度会越来越大。四是到了消费旺季。各大商场等人员密集场所是安全监管的重点领域。五是到了建设旺季。新开工和继续建设的基建、房地产项目进入施工高峰期，建筑施工工地仍是高危场所。总的来看，进入这五大旺季对我们确保不出较大以上事故的目标提出了更严峻的挑战。希望各个县（市、区）、各个行业领域更加重视安全生产工作，采取更有力的措施，抓实、抓紧、抓好。

二、关于下一步工作的几点要求

为了进一步统一思想、提高认识、确保工作成效，我再谈几点意见：

第一，各县（市、区）党政一把手和各部门一把手要像习近平总书记重视安全生产那样高度重视安全生产。习近平总书记多次召开会议专题研究安全生产工作，并提出了一系列重要的、带有理论高度的科学论断，包括红线意识、底线思维、党政同责等。可以说，对安全生产工作，习近平总书记是走到哪里就讲到哪里，而且讲得都富含哲理、发人深省，确实是带着真挚的感情在重视这项工作。我们县（市、区）党政一把手包括各部门一把手对安全生产的重视也不是空的。衡量县（市、区）党委、政府主要负责人是不是重视安全生产工作的标准主要有五条：第一，思想上有位置。中央政治局都已经开过三次常委会来专题研究安全生产了，各县（市、区）有没有因为安全生产专门召开过常委会、常务会？这就能体现县（市、区）党委政府一把手在思想上有没有安全生产的位置。第二，计划上有安排。在谋划全年工作的时候，作为县（市、区）委书记和行政长官有没有专门研究过安全生产工作的计划？总体计划中有没有安全生产的安排？第三，工作上有行动。县（市、区）委书记、县（市、区）长能不能定期拿出时间去实地调研一下安全生产？这不仅仅是一次调研活动，它所彰显的是党委政府高度重视安全生产的态度，体现的是对老百姓生命财产安全的高度负责。第四，问题上有解决。安全生产工作中有很多难题，当政府解决不了的时候县（市、区）党委是否能及时给予解决？第五，干部上有使用。我们安监系统以及其他行业、领域分管安全生产工作的同志既然能够担当起这份职责，肯定都是干部中的优秀分子。这些优秀的干部特别是长期奋战在安监战线的同志是不是像其他部门的优秀干部一样得到了提拔重用？各县（市、区）、各部门单位要对照这五条标准再对对号。如果都能做到这五条，全市的安全生产形势一定能够进一步好转。

第二，要站在"四个全面"战略布局的高度来进一步认识安全生产工作的重要性。十八届四中全会以后，中央明确提出了"全面建成小康社会、全面深化改革、全面依法治国、全面从严治党"四个全面的战略布局。这是一个理论构架，是中国特色社会主义理论体系的最新发展，是今后推进中国经济社会发展的整体战略。作为一名领导干部，我们一定要把握这个大局。我对"四个全面"的理解是："全面建成小康社会"是目标，"全面深化改革"是手段，"全面依法治国"是保障，"全面从严治党"是抓住了根本。从"四个全面"的高度来认识安全生产工作的重要性，可以说安全生产是小康社会的重要标志，抓好安全生产工作是全面建设小康社会的重要内容。我们难以想象一个全面实现小康的社会还会经常性地出现安全生产事故，那绝对不是一个全面小康的概念。实现安全生产形势根本好转既是我们抓安全生产工作的目标，也是全面建成小康社会的一个重要指标、一个重要内容、一项重要任务。

第三，要把"零死亡"作为安全生产工作的崇高追求。我们曾经提出过、强调过"零死亡"的要求。除了交通领域受一些不可控因素影响出现了死亡事故之外，工矿商贸等其他领域基本实现了"零死亡"。既然我们抓工作已经到了现在这个程度，就必须继续严防死守，确保"零死亡"的良好状况延续下去。今后，凡是出现死亡事故的企业和单位，我们要提级、提标来进行严肃查处。我曾多次讲过，某一个地方出现事故死了一个人，对局外人来说可能只是茶余饭后的谈资，但对死者的家庭来说是塌天一样的灾难。我们提出"零死亡"的目标，就是说在工矿商贸领域要确保"零死亡"，在交通运输领域也要尽量减少死亡，追求"零死亡"。

第四，要把贯彻落实《安全生产法》作为我们的"尚方宝剑"，紧紧抓在手上。中国已经进入全面依法治国的新的历史时期，《安全生产法》就是我们抓安全生产工作的"尚方宝剑"。法律规定的已经很明确，只有知法懂法才能去用法，才能依法办事，不然就会违法。我们要面向所有企业的主要负责人、安全生产责任人、关键岗位职工等重点人群，采取培训加考试的办法，督促他们认真学习贯彻新《安全生产法》。对考试不过关的人员要采取一定的制约措施来警示。通过这种方法，把抓安全生产的压力一分不留地传导到企业，切实解决发挥企业主观能动性、落实主体责任的问题。虽然现在形势不错，但依然有一些企业对安全生产工作不够重视或者重视不力，对存在的隐患没有察觉，甚至找到了隐患也不去主动解决。我们对《安全生产法》的学习、贯彻和应用必须落实到每一个企业。

第五，要把推进"安如泰山"科学预防体系建设作为提升安全生产工作科学化水平的主要抓手。"安如泰山"科学预防体系是近几年来我们各种创新探索和有效经验的集成，是我们集体智慧的结晶，是基于系统思维、顶层设计的一整套理论加实践的成果。黄毅同志评价这个科学预防体系用了"三个符合"：一是符合安全生产工作的规律。安全生产必须由过去"头疼医头、脚疼医脚"的传统思维和"兵来将挡、水来土囤"式的应急做法转向科学预防、源头管控。就像一个人保养身体一样，必须不断地预防、不断地保健才能确保健康。二是符合十八届三中全会全面改革的精神。"安如泰山"科学预防体系建设工作是一项创新、是一种改革。三是符合习近平总书记关于安全生产一系列重要讲话精神。习近平总书记在陕西考察时就要求完善隐患排查治理体系和安全预防的控制体系，我们的工作完全符合习近平总书记的指示要求。所以，我们要坚定不移地把这项工作推进下去，要抓出特色、抓出实效。而且不仅全市层面要全面推进，各县（市、区）也要根据自身实际突出某一两个体系重点落实。

（节选自 2015 年 3 月 31 日在市政府安全生产月督导特种设备工作会议上的讲话，根据录音整理）

树立和落实"零死亡"理念和标准

各级各部门必须树立"零死亡"的理念追求，抓安全生产必须持之以恒、驰而不息，继续死盯、死看、死守，不放过任何一个隐患问题和薄弱环节。

第一，要进一步认识主管部门在安全生产工作中的重要作用。回顾几年来的工作，2013 年我们是以"块"为主，主要突出了面上问题的解决，着重抓了县（市、区）安全生产工作的整改提升，确保了面上不出问题。2014 年我们采取"条块结合"的方式，通过单月督导行业领域、双月督导县（市、区），实现了安全生产监管"横到边、纵到底"，继续保持了良好局面。从 2015 年开始，我们进一步探讨、实践、顺应安全生产工作的规律，一方面强化各县（市、区）的属地责任落实，把任务和压力分解传导下去，充分发挥各县（市、区）的自主能动性；另一方面，重点突出了行业领域的监管，以条为主、一查到底。市政府之所以做出这种调整，一是为了发挥各部门的主管优势。对各个行业领域的情况，各主管部门最熟悉、最了解，具有不可替代的优势。在安全生产工作中，我们要充分发挥这种优势。二是为了落实"一岗双责"要求。中央对各级主管部门明确提出了"管行业必须管安全、管业务必须管安全、管生产经营必须管安全"的要求，我们要严格落实到各项具体工作中。三是为了实现专业治理。所谓专业治理，就是让专业的人士、专业的机构来负责专业的工作，这样更能够发现隐患、解决问题，不断提高安全生产工作的科学化、专业化水平。如果不能做到专业治理，我们只会"隔皮猜瓜""隔靴搔痒"，不可能真正解决问题。四是为了提升部门形象。安全生产考核是年终各项考核中的重要一项。一个安全事故频发的行业领域，其主管部门不可能是一个先进优秀的部门，也就不可能有良好的形象。

第二，进一步突出工作重点。一是建筑施工领域。当前时期正是传统的建筑施工旺季，同时随着国家宏观调控政策效应"发酵"，基础设施建设逐步成为拉升整体经济的重要方面，建筑施工领域将会更加繁忙，也会给安全生产工作造成越来越大的压力。希望各县（市、区）认真抓好落实，确保建筑施工领域保持安全平稳。二是消防领域。搞好消防工作是一项系统工程，涉及多个领域、众多方面。消防部门作为主管机构，对有些方面的问题难以涉及，这就要求市政府安委会包括各个成员单位要进一步加大对消防部门的支持力度。消防部门要对全市消防领域存在的隐患和问题进行排查，对涉及的问题进行系统梳理，必要的话要以市政府安委会的名义直接通报给各县（市、区）党委、政府，以期进一步引起各县（市、区）的高度重视，促进相关问题的彻底解决。对此，消防部门不要有顾虑，找到问题不代表否定工作。就像医生为病人查体是为了病人的健康一样，我们排查问题也是为了帮助县（市、区）、帮助企业解决问题和隐患，不能讳疾忌医、自欺欺人。三是道路交通运输领域。这个领域确实有其特殊性，尤其是高速公路等一些方面我们不能完全掌控，导致工作比较被动。但是既然当前实行的是属地管理的体制，我们就必须落实属地管理责任，倾尽全力、想方设法扭转交通运输领域的安全生产局面。对此市委主要领导有明确要求：不能出大事，尽量不死人。这两点是我们要确保实现的目标。

第三，精心细致抓落实，时刻不能放松警惕。安全生产事故的发生可能就在须臾之间，容不得丝毫的放松和麻痹。尤其是"五一"假期将至，来泰游客数量大幅增加，人员密集场所、交通运输、消防、旅游景区等领域面临的安全生产压力骤然增大。希望各个主管部门、各位分工负责的同志继续保持科学务实、扎扎实实的工作作风，继续强化工作责任落实，做到再精心、再细致、再警惕，确保全市安全生产局面保持平稳，为来泰游客提供一个安全愉快的休闲环境，为全市人民提供一个平稳安心的生活氛围。

（节选自 2015 年 4 月 29 日在市政府安全生产月督导建筑施工、消防工作会议上的讲话，根据录音整理）

研究治本之策

这几年来，我市安全生产工作形势能够保持相对平稳，得益于省委省政府的正确领导，得益于市委市政府的高度重视，得益于全市上下的共同努力。究其根本，源于各级领导干部和安监工作者是带着深厚的感情来抓这项工作，是满怀着保护老百姓生命财产安全的使命担当来抓这项工作，体现的是共产党员与人民群众的血肉联系、鱼水关系。具体工作中，主要抓了四个方面重点：

第一，设身处地深化思想认识。 从社会层面，我们充分认识到"科学发展是主题，安全发展是前提"，"转方式调结构是主线，安全生产是底线、是红线"，"经济指标上升是政绩，安全事故数量下降也是政绩"。基于这些认识，我们修订了沿用十多年的安全生产工作考核办法，整体导向就是只要不出事故就是先进单位，出了事故就坚决一票否决。从企业层面，为了落实企业主体责任，我们告诫企业"可能辛辛苦苦一辈子才能干成一个企业，但也可能因为一时疏忽一夜之间就毁掉一个企业"，"企业不能仅仅把职工当作雇员，更要把他们当成家庭成员，当成自己的兄弟姐妹"，唯有这样企业才会自觉加大安全投入，主动强化安全措施。同时，我们警戒企业，"企业安全生产方面出了事，出小事捅天、出大事塌天"，让企业看到血的教训，认识到事故的惨痛性用再多金钱也无法弥补。从领导干部的层面，在当前党政同责的要求下，我们提出"领导干部抓好安全生产，就是为个人成长清除障碍，为个人发展铺平道路"，以此来进一步激励同志们强化工作的主动性和责任感。从政府对企业的态度上，我们首次明确提出，"如果说生产经营方面政府要为企业提供周到服务的话，那么安全生产方面政府就要坚决行使权力"。通过这一系列认识的树立和深化，全市上下初步实现了对安全生产工作由自发到自觉、从被动到主动的转变，形成了上下同欲的良好工作格局。

第二，死盯死守抓好源头治理。按照问题导向，认真研究和梳理了安全生产工作的规律，那就是在不断发现问题、不断解决问题的过程中，确保持续不出问题，至少不出大的问题。从这一规律出发，从2013年开始，我们借安全生产大检查的大势，建立安全生产倒逼机制，把工作重点锁定在主要问题、重大隐患、薄弱环节、后进单位、死面死角等问题滋生的源头，采取月督导的办法，持续强力地去整改和消除隐患根源。同时，我们也在不断调整和完善工作思路。2013年我们以块为主，面向各个县（市、区）的工作开展月督导，重点抓了面上问题的解决。2014年，我们采取"条块结合"的办法，单月督导县（市、区），双月督导行业领域，一手抓属地责任落实，一手抓主管、监管责任深化。2015年我们又采取"以条带块"的思路，通过对各行业、领域问题一查到底的排查，带动整改各县（市、区）的隐患问题。通过不断调整工作思路，使各级各部门始终保持着抓源头、查隐患、找问题的压力感和紧迫感，确保安全生产的压力持续不断地传导到各个领域、各个方面。

第三，遵循规律研究治本之策。基于工作实践和研究思考，我们认为随着社会的进步和全民素质的提升，安全生产必须由兵来将挡、水来土囤的被动格局向关口前移、科学预防转变。因此，2013年底我们提出要建立基于"安如泰山"文化品牌下的地方政府安全生产科学预防体系。我们立足于过去的实践经验，借助安科院、中国矿大等专业机构和专家智慧，细化分解构建了十二大子体系，包括安全发展目标体系、安全责任体系、安全生产法治保障体系、安全科技支撑体系、安全文化宣传体系、安全教育培训体系、安全风险防控体系、安全"三基"规范体系、安全监督监察体系、安全生产应急救援体系、安全生产信息化体系、安全生产效能评价体系。目前，整个体系建设正顺利推进，泰安市政府2015年的一号文件就是加快推进"安如泰山"科学预防体系建设的通知，要求各县（市、区）、各个部门和单位一手抓好当前问题的解决，一手抓好科学预防体系建设，做到重心下移、关口前移、防患于未然，积极构建"本质安全"社会。

第四，关心支持强化队伍建设。没有一支素质过硬的安监工作队伍，就不可能取得让人放心的工作局面。从 2013 年开始，我们不断强化安监队伍建设，解决安全生产工作有人抓、有人能抓、有能人抓的问题。我们提出，安监队伍的三大定位是"钦差大臣""平安菩萨""忠诚卫士"：所谓"钦差大臣"，是指安监队伍代表党委政府来保护人民群众的生命财产安全；所谓"平安菩萨"，是指安监队伍的扎实工作，不仅确保了人民群众生命财产安全，也保护了领导干部的政治生命安全；所谓"忠诚卫士"，是指安监队伍要忠实履行职责，敢于碰硬，整治问题毫不客气，打非治违绝不手软。安监队伍建设的三大要素是"选一个好局长、配一个强班子、建一支铁队伍"，对于不适合安全生产工作的人员，该调整的调整，该分流的分流，确保安监队伍坚强有力。同时，我们提倡"勇于负责、敢于负责、善于负责"三大精神："勇于负责"，就是指安监队伍要有神圣的使命感，勇挑重担，以舍我其谁的气概肩负起这份重要的职责；"敢于负责"，就是要敢于担当，抓安全生产不能心存顾虑，畏首畏尾，要敢于履职尽责；"善于负责"，就是指我们要系统研究安全生产工作的规律和阶段性特点，突出重点、抓住关键，用科学的工作方法取得良好的工作成效。经过几年来的努力，我市安监系统的同志们，包括各级各单位分管的同志们对待安全生产工作不再有畏难情绪，不再感觉不愿抓、不敢抓、不会抓，而是能站在科学的角度去研究和思考，积极去探索好方法、追求好成效。

（节选自 2015 年 5 月 11 日在全省安全生产工作现场会上的讲话，根据录音整理）

要有"归零"思维

如果说在过去的工作中，我们主要精力用来排查隐患、解决问题的话，那么现在我们不仅要继续深入排查隐患、解决问题，而且要对造成死亡的安全事故进行更加严肃、更加严厉的追责，以确保全市安全生产形势持续平稳，确保老百姓的生命财产安全特别是生命安全不受侵害。

一、当前工作中需要引起高度关注的几个问题

一是有骄傲自满的情绪。这几年来，我市安全生产形势相对平稳，各项措施比较到位，各级领导对我们的工作都给予了高度评价和充分肯定。这就使一些地方、一些部门、一些领导干部和一些责任主体出现了骄傲自满的情绪。毛主席曾告诫全党同志要戒骄戒躁，我想抓安全生产工作同样应该如此。有了成绩就骄傲自满，这是一个人特别是作为一个领导干部不成熟的表现。对这种骄傲自满的情绪，全市上下必须引以为戒、立即改正，因为安全生产时刻都松懈不得、麻痹不得，必须像太阳每天都是新的那种感觉一样，以"归零"的思维把每一天都作为安全生产工作新的起点，驰而不息地排查新隐患、解决新问题。

二是有麻痹大意的做法。有的单位和个人工作责任不落实、工作措施不落实，思想懈怠、粗心大意，说到底就是态度不认真。这一点在一些事故的发生和处置过程中表现得尤为突出。我们开展了如此多的大检查，召开了那么多次会议，重点要求一讲再讲，但是具体到一些地方、一些领域却还是存有"乱象"，那么我们就要追问：在其他地方、其他行业领域是不是也存在这种"乱象"和问题？主体责任是不是都从根本上得到了落实？属地管理责任、领导责任是不是都得到了很好的贯彻？这些麻痹大意的做

法必须从根上彻底纠正。

三是有浮皮潦草的作风。个别同志对什么事都大而化之、浮皮潦草，作风不深入、不具体、不细致、不精准，这是最可怕的问题。作为领导干部，当然要研究一些宏观问题，干一些"大事"，但是这些"大事"能否真正落实，要么领导干部得具体抓，要么得有能具体来抓的人。就安全生产来说，我们不要求分工县（市、区）长把每项措施都抓到工地、盯到车间、看到岗位，但是一级抓一级、逐级传导压力的责任体系必须要建立起来。从属地的领导责任、部门的监管责任、企业的主体责任，一直到每一名职工的岗位责任，都必须明确。这方面新泰市走到了前头，不仅明确到了岗位责任，而且具体到每个岗位的每一道工艺、每一个环节，做到了环节责任有红线，岗位风险有红点。抓安全生产工作就得有这种事无巨细的扎实作风，这实际上体现出的是一名干部的良好素养。

四是有得过且过的心态。安全生产工作确实压力大、不好抓，加上一些同志不会抓，暗地里就有得过且过的心态，干一天算一天、不出事凭侥幸，这是一种很可怕的心态，本质上是极端的不负责任。我们不能把安全事故"防不胜防"当成借口，从事故现场就能看出，有的问题恰恰是因为没有真"防"才出现，不存在什么"防不胜防"。作为一名领导干部，组织让我们来抓安全生产，且不说作为一名党员应有的党性，且不说当前形势下对"为官不为"和怠政懒政的追究问题，就是从一个人的道德良心、从对老百姓生命安全的责任来讲，我们也要对得起这个职务，肩负起这个担当。这话虽然重，但是重不过安全生产的责任，因为事故带来的都是血的教训。

我们严厉、严肃，不是为了和哪一个地方、哪一名同志过不去，而是为了重申市委市政府对安全生产工作的高度重视，重申我们把人的生命放在第一位的坚定态度。在泰安的安全生产工作中，绝对不能出现习近平总书记说的"草菅人命"的状况。对工作中存在的问题我们要正视，有则改之无则加勉，但是工作忙不是理由，因为有些工作是"锦上添花"的工作，但是安全生产工作是"雪中送炭"的工作，安全生产抓不好就会"一丑遮百俊"。

二、要按照"三严三实"的精神做到安全生产的"三严三实"

当前，从中央到地方都在开展"三严三实"教育实践活动，贯彻习近平总书记提出的"既严以修身、严以用权、严以律己；又谋事要实、创业要实、做人要实"的总体要求，这是党的建设理论的新升华。我们要把中央的精神和要求具体贯彻到安全生产工作中，也要做到安全生产的"三严三实"。所谓安全生产的"三严"：一是严格目标。就是在全市继续保持不发生较大及以上事故，坚定不移地向"零死亡"目标迈进。二是严明制度。安全生产的各项法律法规、工作制度，各个行业领域的规章制度，必须得到严明执行。三是严厉追责。我们不希望处理任何人，因为人的生命是不可挽回的，但是为了防范不幸的重演，我们必须让责任人付出代价。所谓安全生产的"三实"：一是感情要实。这是抓好安全生产工作的基础，也是我们的成功经验。泰安之所以能保持比较平稳的局面，就是源于各级党委政府、各级领导干部是带着深厚的感情来抓安全生产，是满怀着对老百姓生命安全高度负责的精神来抓安全生产。我们多次强调，作为局外人，出了事故、死了几个人可能只是茶余饭后的谈资，但是如果死者是自己的家庭成员，我们又会是什么样的感受？抓安全生产就得有这种设身处地式的同情心。从事和研究群众工作多年，我一直认为人民群众有真情、实惠和希望三大需求，首要的需求就是需要真情，要让老百姓真切感觉到党委政府对他们的爱护和关心。如果老百姓的生命安全都得不到保障，党委政府对人民群众的真情又从何体现？所以说，我们抓安全生产的这种感情必须实实在在，要真正把职工和一线工作者当成我们的父母、我们的兄弟姐妹来对待，否则就是虚情假意。二是责任要实。我认为新《安全生产法》实际上就是解决了明责、履责和追责的问题。我们必须把安全生产的责任体系建好、建实，包括政府的属地责任、部门的监管责任、企业的主体责任包括员工的岗位责任，都要清晰明确。三是作风要实。这一点就是针对刚才提到的骄傲自满的情绪、麻痹大意的做法、浮皮潦草的作风和得过且过的心态这四个问题，特别是浮皮潦草、得过且过的问题。好的作风体现的是一名领导干部的素质修养，一个地方、一个单位有没有扎实的作风，可以说清清楚楚、一目了然。以建筑施工领域为例，前几天去新泰时我们现场检查了青云中学的施工现场，所到之处都是井井有条、整洁有序的场面，现场安全管理更是细致、精准，这种表象反映出的就是扎扎实实的工作作风。我想，在党的"三严三实"专题教育中，我们应该结合岗位实际，把实现安全生产的"三严三实"作为学习教育的目标之一。

我们现在严肃一些，大家都红红脸、出出汗，总比真出了大问题之后再追悔莫及要好，这不是危言耸听！希望同志们都能从自己的内心和思想认识出发，针对工作中的短板和漏洞，进一步加大工作力度，为确保全市安全生产形势保持平稳做出我们应有的贡献。

（节选自 2015 年 5 月 20 日在全市安全生产工作调度会议上的讲话，根据录音整理）

用好"尚方宝剑"

　　去年，全国人大常委会审议通过了新的《安全生产法》。这作为全面推进依法治国的重要内容，标志着我国的安全生产工作进入新的发展阶段。一直以来，泰安市委市政府始终高度重视安全生产工作，特别是近几年来，经过全市上下的共同努力，泰安是全省唯一连续三年没有出现较大以上安全生产事故的地市，这是难能可贵的成就。整个工作过程中，我们贯穿了一条主线，那就是贯彻落实安全生产的法律法规，体现了依法治理安全生产的理念和做法。我们举办安全生产法律法规知识竞赛，也是为了进一步宣传、贯彻新的《安全生产法》，推动安全生产工作进入新的发展阶段。

　　新《安全生产法》的出台和实施具有重要意义。

　　第一，《安全生产法》是广大人民群众的"保护神"。《安全生产法》的宗旨是保护人民群众的生命财产安全，体现的是共产党的执政理念。贯彻落实好新的《安全生产法》，人民群众的生命财产安全就有了强大的"保护神"。

　　第二，《安全生产法》是广大企业的"护身符"。企业在安全生产工作中负有主体责任，企业家们在安全生产工作中发挥着主体作用，掌握着保护职工生命和企业财产安全的主动权。唯有每一个企业贯彻好《安全生产法》，履行好主体责任，用好这一"护身符"，企业才能健康平稳的发展，广大职工的生命才能得到有效保护。

　　第三，《安全生产法》是党委、政府的"尚方宝剑"。党委、政府的首要职责是保一方平安。有了新的《安全生产法》，党委政府行使职责就有了法律武器，才能确保泰安市7762平方公里、560万泰安人民的平安和谐。

　　第四，《安全生产法》是社会的"稳定器"。如果一个地方经常发生安全生产事故，经常出现人员伤亡的事故，就不是一个健康发展的地方，不是一个和谐的社会。深入贯彻落实好《安全生产法》，才能确保泰安这方热土的稳定祥和。

六月份是全国安全生产"宣传月"，今天的活动是"宣传月"的重要内容之一。我们要充分借助"宣传月"一系列活动的举办，进一步宣传以新《安全生产法》为主的法律法规知识，进一步警醒全社会的安全意识，进一步强化全市的安全生产工作。

（节选自 2015 年 5 月 29 日在全市安全生产法律法规知识竞赛决赛上的讲话，根据录音整理）

交通运输领域要紧盯"4＋1"状况

公路里程长、交通车辆多、人流物流频繁，道路交通管理的有些方面还没有完全做到合法、合规、有序，驾乘人员素质也是参差不齐，重点监管的"五类人"数量超过 8000。可以说，我市道路交通领域的安全生产形势仍很严峻，工作力度还需要进一步加大。

第一，要把交通运输安全作为全市安全生产整体工作的一项重要内容。目前来看，交通运输领域直接决定着全市安全生产形势的持续平稳，必须进一步高度重视，将其纳入全市安全生产大局来统一考虑、统一部署、统一要求。从今天看到和听到的情况看，我们具备良好的工作基础，但是存在的问题不容忽视，必须深入分析研究，采取更加有效的措施给予解决。要按照"4＋1"的思路，重点监控好人况、车况、路况、天况以及工作状况。"人况"中首要是司机，一定要把对驾驶员的管理作为交通运输安全的第一要素，做到依法管理、人性化管理、从严管理，丝毫不能客气。"车祸猛于虎"，车祸的发生只在一瞬间，但可能几个人的生命就会永远消逝。对驾驶员的严格管理、严厉管理，既是对社会安全的负责，也是对驾驶员本人生命的尊重和爱护。"车况"，主要是长途客车和货车的状况，交通运输部门一定要依法依规加强管理。另一个重点是校车，目前全市符合标准的校车数量远远不能满足社会需求，更让人担心的是安全方面出问题的风险。孩子是社会的未来，一旦因为校车问题出了事故，让人痛心后悔的同时，党委政府也没法向人民群众交代。下一步，教育部门要进行集中整治，或者在一些条件具备、学生比较集中的区域建设示范区，通过各种方式尽快解决这个问题。"路况"，包括城市交通、县乡道路的管理，下一步要逐步延伸到村的道路。这是地方政府提供公共服务的一项重要内容，不仅要做到整洁畅通，应有的安全标志和设施都要善加维护。"天况"，是指要及时掌握雨雪风雾等恶劣天气的状况，提前采取各项防范措施。人况、车况、路况、天况的管理很大程度上取决于我们的"工作状况"，各主管部门、执法机关必须做到依法行政、严格管理。市政府的态度很明确，在对企业的态度上，如果在生产经营方面要提供周到服务的话，那么在安全生产上就是坚决依法行使权力。道路交通领域的执法和管理很多方面直接面向人民群众，处置不当可能会造成不良的社会影响，但是只要我们严格执法、正确执法、依法执法，就不会出问题。总之，道路交通领域是决定全市安全生产大局的重要方面，我们必须进一步高度重视，采取更加有力的措施严防严控，尽量减少交通事故，特别是致人死亡事故的发生。

第二，要按照党中央"三严三实"的要求抓好安全生产的"三严三实"。按照党中央"三严三实"的精神，我们提出了安全生产的"三严三实"，那就是"严格目标、严明制度、严厉追责，感情要实、责任要实、作风要实"，这既是贯彻党中央要求的具体行动，也是当前做好我市安全生产工作的基本要求。严格目标，就是把"零死亡"作为目标追求，更作为自觉行动，坚决杜绝较大以上事故。严明制度，就是严格落实以新的《安全生产法》为主的各类法律法规和制度规范，使安全生产工作走上依法依规治理的轨道。严厉追责，主要是新制订的四项要求：对发生较大以上事故的单位实行"一票否决"；导致两人死亡的事故由市政府提级调查，严肃追责；导致一人死亡的事故由市安监局直接介入调查；所有事故都在市级媒体通报曝光，进行警示性报道。感情要实，就是要带着对人民群众的深厚感情来抓安全生产工作，这也是我们的成功经验。这不仅是党的宗旨决定的，也是我们工作性质决定的。我们要真心实意而不能虚情假意，否则就肯定抓不好这项工作。责任要实，就是贯彻新《安全生产法》关于明责、履责和追责的要求，进一步完善安全生产责任体系，更加明确政府属地责任、部门监管责任、企业主体责任等，尤其是要突出抓好企业主体责任的落实。作风要实，就是指抓安全生产工作来不得半点松懈疏忽，来不得半点麻痹大意，必须时时刻刻丝毫不能放松。借今天会议的机会，我们再强调一下安全生产的"三严三实"，以此作为全市安全生产工作的基本要求。

第三，扎实搞好"安全生产月"有关活动。6月份是全国"安全生产月"，安委会已经制订了一个活动方案。我们要利用好这一年一度的活动契机，促进全民安全意识的提升。只有全社会每一个人都积极做安全生产的带头人，有意识地确保自身的安全，我们建设本质安全社会的目标才可能实现。安委会办公室和各相关部门要按照既定方案，通过各种方式，利用各类平台，把活动开展得丰富多彩、卓有成效，以引起全社会的高度重视，营造更加浓厚的安全生产氛围，努力达到"人人知道安全生产，人人遵守安全生产，人人争做安全生产模范"的目标。

　　（节选自2015年5月29日在市政府安全生产月督导道路交通工作会议上的讲话，根据录音整理）

用好"三三四"工作法

去年全党开展了党的群众路线教育实践活动，今年又开展"三严三实"专题教育。这是党中央和各级党委高度重视党的建设，着力转变干部作风，保障和促进经济社会发展的一项重大举措。结合个人的学习体会和我市安全生产工作实际，谈几点感受。

一、深刻领会"三严三实"的基本要求

（一）习近平总书记提出"三严三实"要求的重大意义

2014年3月9日，习近平总书记在第十二届全国人民代表大会第二次会议安徽代表团参加审议时首次提出了"三严三实"，将此作为改进干部作风、发扬党的优良传统的基本要求。"三严"是"严以修身、严以用权、严以律己"，"三实"是"谋事要实、创业要实、做人要实"。"三严三实"要求的提出有四个方面的意义：第一，这是发扬党的优良传统和作风的需要。我党自成立以来，无论在战争年代还是和平建设时期，都形成了一系列优良的传统和作风，这是我们党力量不断壮大、执政能力不断增强的重要"法宝"。比如"农业学大寨、工业学大庆"时期，工业战线提出的"三老四严"，可以说是"三严三实"最早的雏形。"三严三实"是对党的优良传统和作风的提炼升华。在新的时期，对加强干部队伍建设，强化党的执政能力，将起到重要的推进作用。第二，这是适应当前"四个全面"战略布局的需要。十八大以来，党中央提出要全面建成小康社会、全面深化改革、全面依法治国、全面从严治党，这"四个全面"是党的战略布局，更是国家的大局。要实现"四个全面"，必须要发挥全国上下每一个人的力量。其中，共产党员尤其是党员领导干部要起到应有的先锋模范和骨干带头作用。

"三严三实"面向的是党的建设，是针对每一名党员特别是党员领导干部提出的要求，贯彻"三严三实"对于推进我国经济社会的发展、对于实现"四个全面"都有重要意义。第三，这是加强党员领导干部作风建设的需要。从中央到省、市委，各级党委领导对贯彻"三严三实"都有明确要求，我们必须要通过贯彻"三严三实"要求来纠正问题，改进党的作风，不断提高党员干部的执政能力和领导水平，进而改善党群、干群关系。第四，这是丰富"新常态"下党的建设理论的需要。中国已经进入"新常态"，其主要标志是经济中高速增长、产业中高端发展。在新的常态下，党的建设理论的创新是确保党的事业健康发展的重要核心。党的建设理论应该是与时俱进、不断发展、不断完善的，"三严三实"就是新形势下党的建设理论的再丰富、再升华。

（二）习近平总书记对"三严三实"要求的具体阐释

严以修身，就是要加强党性修养，坚定理想信念，提升道德境界，追求高尚情操，自觉远离低级趣味，自觉抵制歪风邪气。严以用权，就是要坚持用权为民，按规则、按制度行使权力，把权力关进制度的笼子里，任何时候都不搞特权、不以权谋私。严以律己，就是要心存敬畏、手握戒尺，慎独慎微、勤于自省，遵守党纪国法，做到为政清廉。谋事要实，就是要从实际出发谋划事业和工作，使点子、政策、方案符合实际情况、符合客观规律、符合科学精神，不好高骛远，不脱离实际。创业要实，就是要脚踏实地、真抓实干，敢于担当责任，勇于直面矛盾，善于解决问题，努力创造经得起实践、人民、历史检验的实绩。做人要实，就是要对党、对组织、对人民、对同志忠诚老实，做老实人、说老实话、干老实事，襟怀坦白，公道正派。要发扬"钉钉子"精神，保持力度、保持韧劲，善始善终、善作善成，不断取得作风建设新成效。

（三）如何领会"三严三实"的要求

严以修身，就是要加强自身建设，不断修身养性。对"严以修身"，我们应当领会三个方面：第一，"严以修身"是中华民族的传统美德。中国传统的士大夫精神讲究要"修身、齐家、治国、平天下"。通过修身养性来提高境界、修养，提升分析问题、解决问题的能力，是"齐家""治国""平天下"

的基础。古人的这种传统理念与现代的管理学规则是相通的。新的时代背景下，所谓"修身"就是要加强自身建设，提升能力和水平；"齐家"实际上是指团队建设，单靠一个人的力量是不行的，必须要有优秀的团队；"治国"就是针对实际工作，解决实际问题；"平天下"是一种愿景，是一种胸怀。通过加强自身建设，带领一个优秀团队来解决好当下问题，最终才能实现美好的愿景。所以说，"严以修身"是一种传统美德，无论在古代还是现代，都是谋事创业的前提和基础。第二，"严以修身"是共产党员的"必修课"。我们党从成立之初的弱小组织发展到现在有8600多万党员的大党，始终高度重视自身建设。从1942年延安"整风"，到1985年的整党，到1999年的"三讲"教育，到2005年党的先进性教育，包括去年开展的党的群众路线教育实践活动，都是我党针对不同历史时期的需要，所开展的促进共产党员修身养性的具体举措。所以说，"严以修身"无论是对整个党来说还是对每一名党员来讲，都不是"选修课"而是一门"必修课"。第三，"严以修身"要与时俱进。前面我们列举了我党历次学习教育和作风建设活动，可以看出，不同的历史时期对党员的本质要求是一致的，但是具体要求是在不断发展、不断变化的，那么我们就必须与时俱进，适应不同时期的要求来"严以修身"。上半年的招商引资和大项目建设考核中，我们看到了泰安市经济结构调整的新气象，看到了我市产业优化升级的新成效，这就是全市各级领导干部不断学习、不断提升，努力适应新形势、新任务需要的结果。所谓与时俱进，就是要跟上时代发展的潮流，对于共产党员来讲这不是什么高要求。因为人分为三种：第一种人是改革的先锋，时代的弄潮儿，能够把握社会发展的规律和趋势，进而引领社会发展；第二种人是与时俱进的人，能够跟上时代发展的步伐；第三种人是落后于时代的人。作为一名共产党员，做到与时俱进、跟上时代步伐，这应该是基本的要求。我们真正应该追求的是能够把握社会发展规律、经济发展规律和我党执政的规律，从而在规律中寻求主动权，这才应该是"严以修身"的目的所在。

严以用权，这一条围绕的是权力。权力具有两面性，运用得当可以造福人民，运用不当就会贻害无穷。作为共产党来讲，权力是人民给的，就应当为人民服务，但在一些现实的典型案例中我们看到的是，部分人把人民的权力当成为自己谋取私利的工具。对"严以用权",我们也要领会三个方面:第一,权力是人民赋予的。人民群众通过党的组织和法定的程序来授予权力,共产党员如果不能做到善加运用,人民群众也能剥夺、取缔权力。第二,权力是一种工具。权力是"公权",不是"私器",行使权力要体现"公"字,做到公平、公开、公正。为什么现在存有"仇官"现象?就是因为部分人办事不公、为人不正,甚至利用人民赋予的权力来欺压百姓。第三,只有修好身才能用好权。"严以用权"的基础是"严以修身",一个人如果心术不正就不可能用好权。

严以律己,是自己对自己的要求。对"严以律己",我们要领会三点:第一,严以律己是一种个人美德。古人讲"吾日三省吾身",我们每天都要自觉反省一下有没有做得不对的地方,这是祖先教给我们为人处世的方法,也是一种美好的道德品质。第二,严以律己不能单纯依靠制度的约束。我们既有党纪也有国法,有很多规范和制度来约束我们的行为,但是制度总是会有漏洞,个人的自律仍然不可或缺。第三,严以律己体现的是人格的魅力。对任何人来讲,严格的自律、严谨的作风能形成一种人格魅力,让人感到值得信任和追随。反之,如果一个人没有自律意识和制度观念,松松垮垮、随波逐流,给人的印象就不可靠,甚至会敬而远之。

谋事要实、创业要实,这是干事创业的要求。干事创业有四条标准:第一,要敢干一些前人没有干过的事情。改革是无禁区的,也是包容失败的,就是要敢于干一些前人没有做过的事,而且不是蛮干,要符合社会发展规律,符合当地的实际,体现科学的发展观。第二,要多干一些符合老百姓意愿的事情。要了解人民群众需要什么、期盼什么、实际困难是什么,通过我们的工作来满足群众需求、回应群众期盼、解决群众困难,体现党的宗旨观。第三,要会干一些体现干部本领的事情。党的领导干部要德才兼备,有才无德不行,有德无才也不行。别人不愿干、不会干的工作,我们敢干、会干,而且干成了,这就展现了我们的能力和水平,体现的是党的干部的德才观。第四,要善干一些经得起历史检验的事情。作为一名党员领导干部,既要脚踏实地,把眼前的问题解决好;也要着眼长远,做一些打基础、谋长远的工作。比如安全生产工作,我们就是一手抓源头治理,通过不断发现和解决当前存在的隐患，从而确保不出问题，至少不出大的问题；另一手抓治本之策，通过建设"安如泰山"科学预防体系把整个工作推向科学预防的轨道，努力打造"本质安全"社会。这些工作可能三五年内都没有明显的回报，但我们面向的是长远的未来，体现的是正确的政绩观。要领会习近平总书记"谋事要实、创业要实"要求，我们就要做到"敢干、多干、会干、善干"。

做人要实，即使对于一名普通群众来讲，这也是一种基本的要求。共产党员是群众中的优秀分子，领导干部更是优秀分子中的精英人才，在做到"做人要实"的前提下，应该树立更高的标准：一要尽忠尽德。对党要无比忠诚，体现我们应有的党性和品行。要真正践行入党时做出的庄严誓词，做到表里如一、知行合一，既坚强党性，又有道德良心。二要尽职尽责。无论在任何岗位，都要认真履行好职责，切实做到不推诿扯皮，不搞条条杠杠，既能够坚持原则、不降底线，也能够实事求是、以人为本。三要尽心尽力。要在尽职尽责做好本职工作的基础上，发扬无私奉献的精神，全身心地投入到党和人民的事业中。唯有这样，作为一名共产党员才能做到仰天俯地无愧。四要尽敛尽廉。敛是内敛，廉是廉洁。我们为人要内敛，做事要低调，从政要廉洁。只要我们踏踏实实把人民的事情做好了、办成了，让群众受益了，社会自有公论，历史自有评价。五要尽善尽美。我们不要求凡事都有完美的结果，但我们要有对完美的追求，宁肯眼前吃点亏、受点委屈，也要尽最大可能把工作做到极致，把人品做到极致。当领导干部无非就是两件事，一是开拓新局面，二是解决老问题。人无完人，工作干得再好也会有问题存在，这就要求我们做决策、考虑问题时要深入细致、追求完美，尽可能把事情做得圆满，经得起历史的检验。"尽忠尽德、尽职尽责、尽心尽力、尽敛尽廉、尽善尽美"，这应该是党员领导干部做人、做事、为官的标准。

二、深入贯彻党中央"三严三实"要求，努力实现安全生产的"三严三实"

按照党中央"三严三实"的精神，我们提出了安全生产的"三严三实"，即"严格目标、严明制度、严厉追责，感情要实、责任要实、作风要实"。这是党中央"三严三实"要求在安全生产方面的具体体现，符合当前泰安的实际。严格目标，就是市委市政府一再强调的泰安不能出较大以上事故，以此为基础努力实现"零死亡"的目标，同时要把对"零死亡"的目标追求转变为自觉行动。严明制度，就是要坚定不移地执行以新《安全生产法》为核心的安全生产有关法律法规和制度，包括安全生产大检查制度、"四不两直"制度、月督导制度等。严厉追责，市政府新出台了四项措施：第一，凡是出现较大以上事故，对负有属地管理和行业管理责任的单位坚决"一票否决"，取消当年评先树优的资格。第二，对造成两人死亡的事故，市政府提级调查，严肃追责。第三，对造成一人死亡的事故，由市安监局直接介入调查。第四，凡是出现安全生产事故，一律在全市范围通报批评，并在市级媒体进行警示性报道。这四条措施充分体现了"三严三实"的精神，也体现了市委市政府以人为本，把人的生命放在至高地位的态度。感情要实，是指所有从事安监工作的同志，包括分管的同志都要满怀对人民群众的深厚感情来抓这项工作。我们只有抱定这种真情实感，把一线职工当成自己的父母兄弟姐妹来关心和爱护，才能做到安全生产工作的真抓实干。实际上干任何工作都是如此，我们要像企业研究市场一样认真研究人民群众的需求。群众有三大需求，一是需要真情，党委政府必须让老百姓感受到发自内心的真实感情，才能得到群众的认可和信任。二是需要实惠，要切实解决人民群众生产生活中的问题。三是需要希望，包括对"人格尊严"的希望，要让人民群众活得更有尊严；对"公平正义"的希望，要营造风清气正、公平正义的社会氛围；对"自我发展"的希望，要为人民群众提供条件和平台，帮助他们实现自我的提升发展；对"世代延续"的希望，要让群众感受到祖祖辈辈都有希望、有奔头。具体到安全生产工作，就是要用真情来保障工作的积极性、主动性。责任要实，要进一步完善安全生产责任体系，切实落实党政同责的领导责任、地方政府的属地管理责任、部门的监管责任、企业的主体责任、员工的岗位责任等。尤其是企业的主体责任必须要落到实处，不能有半点虚假。作风要实，指的是要坚决杜绝骄傲自满的情绪、浮皮潦草的作风、大而化之的做法和得过且过的心态，进一步树立扎扎实实的工作作风。安全生产工作的"三严三实"既是贯彻习近平总书记"三严三实"的具体行动，也是安全管理工作在新时期的一个创举，更是我们今后工作的基本遵循。

三、用"三三四"工作法确保安全生产"三严三实"的落实

这几年我市安全生产形势保持了持续平稳，重要原因就是我们抓好了干部队伍建设，这也是我市安全生产工作与其他地区的最大区别。

第一，我们提出并践行了安监队伍"钦差大臣、平安菩萨、忠诚卫士"三大定位。所谓"钦差大臣"，指的是安监工作者代表的是党委政府，通过依法行使权力来确保人民群众的生命财产安全，特别是生命安全。所谓"平安菩萨"，指的是通过安监工作者艰苦而卓有成效的工作，我们确保了人民群众的生命财产安全，确保了各级干部的政治生命安全，确保了泰安这片土地的平安祥和。所谓"忠诚卫士"，指的是作为监督、执法部门，安监队伍坚决对各类非法违法行为予以打击，捍卫了党委政府的尊严，捍卫了法律的尊严，捍卫了人民群众生命至上的尊严。

第二，我们提出并践行了安监队伍建设"选一个好局长，配一个强班子，建一支铁队伍"三大要素。目前，无论从市级还是各个县（市、区），从社会各界的反响，从各个部门的反映，从各级领导的评价，都能够体现我们安监系统的局长都是好局长，各级安监部门的班子都是强班子，全市安监队伍是一支当之无愧的铁队伍。这"三大要素"由我们的目标要求，到转变成扎实行动，最终成了现实成效。

第三，我们提出并践行了安全生产工作"勇于负责、敢于负责、善于负责"三大精神。勇于负责，这体现的是我们的使命感。我们既然干安全生产这项工作，就要肩负起确保人民群众生命财产安全这项光荣的使命。敢于负责，就是面对严峻的安全生产形势，我们不推脱、不退缩，以敢于担当的精神去攻坚克难。善于负责，指的是我们这支队伍是用科学的方法来研究安全生产工作的规律，是在针对性地解决问题，而且既解决了眼前问题，又解决了长远问题，体现了科学的精神。在勇于负责、敢于负责、善于负责的基础上，我们再加一个"极端负责"的精神。"极端"不是说要

走极端，而是表明我们这支队伍在抓安全生产工作的过程中，追求的是"只有更好、没有最好"。要把这种追求转变为一种自觉行动，这体现的就是我们"极端负责"的精神。

以上"钦差大臣、平安菩萨、忠诚卫士"三大定位、"选一个好局长、配一个强班子、建一支铁队伍"三大要素和"勇于负责、敢于负责、善于负责、极端负责"四大精神，共同构成了"三三四"工作法的主要内容，加上安全生产"三严三实"的要求，形成了泰安市安全生产工作的完整系统，也是我们今后抓好工作的坚实基础。

（节选自 2015 年 6 月 4 日在全市安监系统"三严三实"专题教育党课上的讲话，根据录音整理）

安全生产也要有长远规划

安全生产工作越抓越不能掉以轻心，越抓越要更加小心。同时，随着"十三五"的临近，方方面面工作的规划逐步铺开，安全生产工作也应该从更高视角做长远的研究和规划。

一、安全生产工作面临的新形势

当前，我市安全生产工作面临新的形势：一是经济下滑给安全生产工作带来新的困难。一段时期以来，宏观经济下行的效应持续发酵，体现在数字上，就是上半年全市 GDP、财政收入、工业增加值、利税、利润等主要指标可能都难以完成预期目标；体现在社会层面，人们对经济增长的预期越来越低，对经济回暖的信心越来越弱；体现在安全生产方面，企业对安全生产的投入意愿可能有所弱化，投入能力有所降低，这给我们抓好安全生产工作带来新的困难。二是领导班子更替为安监队伍提出新的要求。领导干部的调整变化都是正常现象，但是安全生产这项工作、这项事业还是要由适合的人来干。无论领导班子怎样调整，我们都要继承过去的良好基础，发扬既有的成功经验，在新的形势下把工作继续干好。这是新的形势给全市安监队伍提出的新要求。三是安全生产形势的持续平稳既是动力、更是压力。近几年来，我市安全生产整体形势一直保持了平稳的局面，在全省乃至全国都树立了一种品牌和形象，引起了国家安监总局和省委、省政府领导的高度关注。这种关注是对我们工作的充分肯定，在为我们增添工作动力的同时，无形中也增加了我们的工作压力。对此，我们要坦然面对。如果泰安的安全生产工作能为其他地区提供一些经验和借鉴，也算是我们履行社会责任的一种体现。但是，我们自身要保持低调、冷静，必须一如既往地秉持扎扎实实的工作作风和不放过任何一个问题的工作精神，坚持内紧外松的工作状态和如履薄冰的工作心态，切实把工作抓好，同时婉拒任何名义的外来学习，也婉拒以任何形式在泰安开的现场会。

二、安全生产工作面临的新任务

要进一步统一思想、鼓起干劲，一方面立足当下，扎扎实实地把每一项具体工作落到实处，把现实的问题和隐患解决好；另一方面，我们要着眼未来，做一些打基础、谋长远的工作，尤其要重点抓好四个方面工作：

一是科学制订安全生产"十三五"规划。这个规划要体现出泰安安全生产工作的战略规划和顶层设计，战略规划体现的是我们对安全生产工作未来的科学把握，解决看"远"的问题；顶层设计体现的是我们对安全生产规律性的深刻认识，解决看"透"的问题。这个规划的基础和主要内容应该是"安如泰山"科学预防体系的建设问题，其中重中之重的是隐患排查治理体系建设。结合安全生产"十三五"规划的编制，我们要把安全生产工作推向更加科学、更加规范、更加长效化的轨道。

二是加快推进安全生产工作法治化进程。在不远的将来，地方政府的立法权限将进一步下放。我们应该从法治的高度，把泰安在安全生产方面一些行之有效的做法和机制性的探索提炼为地方性法规，加快推进安全生产工作法治化进程。在这个方面，泰安有必要也有条件走到全国前列，要提前谋划和开展好相关工作。我认为，法规条文应该是简洁明快、一目了然的，事关人民群众生命的安全生产法规更应如此。我们制定的安全生产法规不要多么复杂和深奥，能让老百姓知道应该怎么做就行，能让泰安的老百姓知道在泰安应该怎么做就行。

三是继续坚持安全生产工作的基本抓法。鉴于安监队伍领导干部包括分管同志有调整变化，我们重申一下安全生产工作的基本抓法，就是一手抓源头治理，通过不断发现问题、不断解决问题，最终确保持续不出问题；另一手抓治本之策，加快推进"安如泰山"科学预防体系建设。源头治理解决的是当前不出事的问题，科学预防体系解决的是长久不出事的问题，二者必须相辅相成。无论是分管的同志还是主管的同志，对这个基本抓法一定要做到头脑清楚、心中有数。

　　四是进一步夯实安全生产的基层基础。我们通过案例分析阐释了关键岗位在安全生产中的敏感性和重要性，充分体现出基层基础对安全生产的重要意义所在。如果以"关键人"为主要内容的基层基础足够扎实，有些事故就完全能够避免。我们提出了选拔安全生产"十大标兵"和"百佳能手"的问题，这些"标兵"和"能手"不应该是定指标分配的，不应该是领导点、上级定的，应该是工作中涌现、群众中公认、实实在在干出来的。获得称号后，可以比照省、市级劳模，在政治、经济等各个方面享受一定的待遇。我们就是要树立一种导向：一线职工尤其是关键和高危岗位的职工，通过自己兢兢业业、默默无闻的付出，杜绝了事故隐患，确保了职工安全，就相当于为企业、为社会创造了财富，应该得到政治上、经济上、待遇上的充分回报。通过树立这种导向，更充分地发挥模范的典型示范作用，带动更多的职工主动关心、研究、推进安全生产，把安全生产的基层基础夯得更实、打得更牢，才能实现"本质安全"。同时，这种导向也体现了我们对社会公平正义的追求，对于那些通过自己实实在在的行动保护了职工安全、切实让百姓受益的人，我们要让他自身也受益才行！

　　（节选自 2015 年 7 月 6 日在全市安全生产工作会议上的讲话，根据录音整理）

主题与主线

经济发展是一切工作的基础，更是安全生产工作的基石。我们既要突出安全生产这个主题，也要强调一下经济运行这条主线。

一、面对困难形势，做好长期作战的思想准备

抗日战争期间，毛主席基于对国际局势和国内形势的科学判断，基于对各方力量的准确把握，做出了"持久战"将分为战略防御、战略相持和战略反攻三个阶段的正确论断。当前，我国经济已经进入新常态，煤炭等传统行业压力巨大、亏损严重。对此，我们要正确判断面临的形势和所处的阶段，做好长期作战的思想准备。第一，要正确认识新常态的长期性。新常态是对过去发展方式的矫正，其标志是经济由高速增长转为中高速增长，发展由中低端水平转向中高端水平。今后我们再也不能靠透支资源、污染环境、消耗人力来换取发展，必须要坚持走集约型、高效型、人与自然和谐相处的发展路子。这是党中央立足我国发展实际和未来发展需求所做出的科学决策，是真正长期可持续的发展模式。第二，要充分看到转型升级的艰巨性。上半年全国 GDP 增长率是 7%，全省是 7.8%，我市是 7.5%。中央提出不以 GDP 论英雄，我理解不是不要 GDP，而是要以质量和效益为中心的"绿色 GDP"；发展现代服务业也不是不要工业，而是要以高新技术产业为核心的新型工业发展为基础。转型升级会有阵痛，但这是必须要经历的阶段，没有任何捷径可走。第三，要科学把握科技创新的规律性。科技创新作为转型升级的最大支撑，有其规律性和周期性。任何科技成果都不可能一蹴而就，需要驰而不息地不断投入、不断努力才能取得突破，甚至有一些投入和努力可能最终也得不到预期的成果，我们还要有容

忍失败的意识和境界。目前，全市科研三项经费支出每年只有 2000 万，虽然与过去相比有了提高，但是还远远不够。我们必须进一步发挥企业的主体作用，发挥政府投入的引导作用，发挥社会资金的支持作用，为新常态下全市经济发展提供更有力的科技支撑。

二、围绕经济转型升级，锲而不舍地抓好科技创新

邓小平同志曾经说过："科学技术是第一生产力。"习近平总书记强调："创新是企业的动力之源。"实践证明，企业要发展，必须依靠创新，包括产品创新、技术创新、管理创新等。新的时期，我们不能再把科技工作当成社会事业，而是要站在经济发展的第一线、最前沿去谋划科技工作。泰安的科技工作还比较滞后，无论是科技服务能力、人才队伍建设还是科技创新氛围都存在较大欠缺，特别是政府对企业创新的服务还很不够。为此，市政府提出并大力推进了"塔型"科技创新体系建设工作。整个"塔型"结构以泰山科学院为"塔体"，兼具研发、孵化、转化、交易、培训、论坛六大功能，既是承接科技创新资源和成果的平台，也是承上启下、配置资源的中枢。通过泰山科学院，吸引市内外优秀的科研人才、团队和项目聚集泰安组成"塔尖"，一方面带来先进的科研成果，通过泰山科学院输送到企业进行承接和转化；另一方面集中攻关泰山科学院输送来的技术难题。"塔基"就是我们本地企业的技术研究院，今年将达到 50 余家，解决引来的技术、项目谁来承接、怎么承接的问题。通过科技创新体系建设，彻底解决政府找不到项目、企业找不到技术、成果找不到投资的问题，形成一个内部良性循环的创新系统。只要遵循科技创新的规律，找到正确对路的发展模式，我们现在抓科技创新为时不晚，一定能够迎头赶上！希望大家一定要坚定信心，深入挖掘企业发展的动力之源。

三、抓住资金链这个关键，牢牢把握金融工作的主导权

企业资金链风险层出不穷，整个金融形势可以说是暗流涌动，特别是各种担保链、担保圈、担保网，造成了很多不必要的麻烦，严重影响了企业的发展。虽然泰安的形势在省内是比较良好的，但是市政府秉持防微杜

渐的工作思路，下决心改变"兵来将挡、水来土囤"式的被动协调局面，牢牢把握金融工作主导权，着力解决企业融资难、融资贵、融资慢问题，实现新常态下政、银、企新型关系的五个转变。一是企业对银行由"过度依赖"向"适度依靠"转变。坚持"三个并重"，间接融资与直接融资并重，债权融资与股权融资并重，银行业机构投放与地方金融组织投放并重，扎实搞好企业股份制改造等基础工作，广泛拓展企业融资渠道，优化企业融资结构。二是银行对企业由"短期输血"向"长期造血"转变。人行泰安支行已经就这项工作进行了专题研究，下一步市政府将组织银行开展"千家企业百日行"活动，并积极与各省级银行进行"十三五"战略合作。这些举措都是为了引导银行强化本土意识和长远观念，树立与企业共同成长的理念，持续支持企业发展，实现双方长期合作、互利共赢。三是金融链条由"不良担保圈"向"优质循环圈"转变。通过强化企业自我融资能力、建设政府性担保平台，坚决打破目前这种担保链、担保圈、担保网盘根错节、牵一发而动全身的被动局面，不再让政府、银行、企业疲于应付那些不必要的麻烦。四是社会层面由"神秘金融"向"普惠金融"转变。金融没有什么可神秘的！要引导银行树立和强化群众意识，进一步提升服务质量，普及金融知识，提供普惠的金融产品，让群众从金融发展中获得更好收益。五是政府对金融由"被动协调"向"主动引导"转变。市政府将建立"4＋3"模式的银行评价体系，包括新增贷款增长率、不良风险化解率、地方财力贡献率、存款结构优化率"四率"，以及企业满意度、公众满意度和政府满意度"三度"。具体指标的设计过程将广泛听取各家银行的意见，让各方共同制定规则，进而共同遵守规则，最终把力量凝聚在一起，建设公平、公正、优质的金融生态环境，共同推进泰安金融事业乃至于全市经济健康平稳可持续发展。

四、进一步增强危机意识，确保安全生产形势平稳

安全生产工作责任重于泰山，越抓越让人不敢放心，越抓越让人小心。这几年，我们一手抓源头治理，一手抓治本之策，取得了比较好的工作成效。我想，源头治理和治本之策实质上是一体化的两个方面，根本在于隐

患的排查、整治和预防。隐患的可怕之处在于"隐"，不知道其存在的问题才是最难以解决的问题，更谈不上预防，这就是为什么我们越抓越不放心。我们要重点对各类事故隐患进行再排查、再清理，让"隐"患都能"显"出来。按照《安全生产法》的界定，安全生产事故共分为四类，一般事故、较大事故、重大事故和特别重大事故。特别重大事故可以说是"惊天动地"，对这类隐患，各县（市、区）必须排查清楚，尤其是对重点领域和部位，必须彻底排查，不放过任何一个环节和细节，做到心中有数、心中有底。泰安7762平方公里的土地上决不能存有这种"惊天动地"的大隐患。重大事故是"群死群伤"，要重点排查人员密集场所、道路交通、建筑施工、煤矿和非煤矿山等领域。各县（市、区）对以上两类事故的隐患排查情况，要书面报市政府安委会办公室，县（市、区）政府主要负责人要签字确认。较大事故将会造成"家破人亡"，对此我们已经采取了措施，凡是造成死亡2人的事故，由市政府提级调查；造成死亡1人的事故，由市安监局直接介入调查。因为我们的目标是杜绝较大以上事故，除了道路交通运输领域外要追求"零死亡"。一般事故至少将造成"致伤致残"，这类事故的隐患我们也不能放过。

隐患整治最终还是要落脚到企业主体责任的落实，特别是岗位责任的落实。市政府正在研究，今年要在企业安全生产重点岗位的职工中评选"十大标兵"和"百佳能手"。为了表彰这些"标兵"和"能手"为企业、为社会做出的贡献，"十大标兵""百佳能手"可分别比照省、市级劳模的标准享受相应待遇。通过这种措施，进一步树立社会导向，让每一名职工都更加重视安全生产，努力解决安全生产最后"一拃"的问题。在这"一拃"的最后最短的距离内，就是安全生产最关键、最基础、最危险的岗位和部位，必须用最用心的人把最后的这一环节把控好，日复一日地按规范操作好。

（节选自2015年7月27日在市政府安全生产月督导矿山工作会议上的讲话，根据录音整理）

深刻理解"首要位置"

深刻理解"首要位置"的含义问题。近一个时期以来，包括山东在内，全国多个地区相继发生安全生产事故，特别是天津港"8·12"瑞海公司危险品仓库特别重大火灾爆炸事故，造成重大人员伤亡和财产损失，引起了党中央和全社会的高度关注，习近平总书记做出重要批示，提出"始终把安全生产放在首要位置"的要求。习近平总书记的批示，一是体现了我们党的宗旨观念和群众路线，展现了党中央对人民生命安全的高度关切和坚持人民利益至上的崇高情怀。我们党坚持人民利益至上，而生命安全是人民群众的首要利益，安全生产维护的是人民群众的生命安全，必须放在首要位置。二是体现了安全生产的极端重要性。经济要发展，但是绝不能以牺牲人的生命为代价；社会要进步，首先要体现在对人的关怀上，具体就要体现在安全生产之中。三是体现了对几次重大事故教训的深刻反思。血的教训一再证明，任何事故的背后，都能找到安全生产工作落实不到位的地方。唯有把安全生产摆到首要位置，切实抓紧、抓好、抓到位，才能有效避免悲剧的再次发生。

准确把握"根本好转"的标准问题。习近平总书记在批示中指出：要努力推动安全生产形势实现根本好转。准确把握"根本好转"的标准，对于我们今后抓好安全生产工作，具有很强的指导意义。近几年来，在省委省政府的正确领导下，市委市政府高度重视安全生产工作，各责任部门勇于担当、齐抓共管、携手努力，保障了安全生产形势的持续平稳，全市连续三年没有发生较大以上事故。可以说，我们初步实现了安全生产形势"根本好转"的要求。工作中，我们始终坚持市委提出的"两不"标准，就是"在泰安不能出大事，最好不死人"，进而确立了杜绝较大以上事故，实现工矿商贸领域"零死亡"的目标追求。事实证明，我们的工作标准完全符合党中央的要求，我们的目标追求在泰安完全能够实现。前一段时间，我们把一般事故、较大事故、重大事故和特别重大事故，分别比喻为"致伤致残的事故""家破人亡的事故""群死群伤的事故"和"惊天动地的事故"，目的就是警示全社会进一步重视安全生产，面对平稳局面绝对不能掉以轻心，要持续向"零死亡"的目标努力迈进。

泰安的安全生产工作不能被动地抓。 不能搞"兵来将挡、水来土囤"，必须站在一定高度，坚定不移、驰而不息地主动抓好。要一手抓源头治理，一手抓治本之策。源头治理就是查隐患，通过不断发现问题、不断解决问题，从而实现持续不出问题，在这个过程中推动安全生产形势持续好转。治本之策就是大力推进"安如泰山"科学预防体系建设，从根本上实现"本质安全"。各县（市、区）、各有关部门、各企业要继续严格落实安全生产责任制，充分发挥主观能动性，牢牢把握工作主动权，以更加负责的精神、更加坚定的态度、更加科学的手段，切实把泰安的安全生产工作抓好。同时，也希望全社会都更加关注安全生产，自觉融入全市安全生产工作大局，通过全社会的共同努力，为泰安的经济发展、社会进步提供更加安全平稳的环境。

（节选自 2015 年 8 月 24 日在全市安全生产工作紧急视频会议上的讲话，根据录音整理）

正确认识"根本好转"

召开这次谈心对话会议基于四点考虑：

一是基于我们良好的工作基础。这几年来，市委市政府高度重视安全生产，明确提出了"两不"的明确要求，那就是"泰安不要出大事，最好不要出现死人事故"。同时特别强调"要抓出底气，抓出信心"，这是我们工作的基本遵循。泰安的安全生产形势之所以能持续稳定好转，就是源于在市委市政府的高度重视和正确领导下，我们对这项工作没有回避，而是满怀着对老百姓的深厚感情，义无反顾、坚定不移地去抓，体现的是党委政府的政治担当，也是今后继续抓好这项工作的良好基础。

二是基于广大职工群众的殷切期望。人民群众过日子，无非就是盼安居乐业，盼幸福安康，但是在外地发生的这些事故中，我们看到的是惨不忍睹的景象，是家破人亡的惨剧。作为企业的负责人，作为独当一面或者主政一方的领导干部，一定程度上职工、群众的身家性命就握在我们手里，抓好安全生产既是我们的神圣使命，也是人民群众的殷切期盼。实践证明，安全生产抓就比不抓强，会抓就比不会抓强。

三是基于市委市政府对企业的高度信任。市委市政府对企业家们是信任的，相信大家既然能搞好企业，也肯定能抓好安全生产。正是基于对大家的信任，市政府才举行这次谈心对话会议。这种高度的信任是一种极大的激励。四是基于当前安全生产的严峻形势。生产安全任何时候都不能松懈麻痹，尤其是目前各地事故频发的严峻形势下，我们有必要通过谈心对话的方式，给大家提提醒、紧紧弦、拧拧螺丝，督促大家思想上更加重视、行动上更加有力，结合各自实际把安全生产工作切实抓好。

今天会议的主题是"谈心对话会议"。所谓"谈心"，就是要设身处地、将心比心，站在平等位置上，共同分析方方面面的因素，既看到我们良好的基础，更要看到存在的隐患，认识到我们肩负的职责和使命，最终实现同心协力，共同把安全生产抓好。我们一再强调"可能辛辛苦苦一辈子才能干成一个企业，但是也可能因为安全生产一时疏忽，就毁掉一个企业"。只要发生安全生产事故，都可以找到责任履行不到位、工作抓得不规范的地方。安全生产事故的报道中，最后一句话都是"有关责任人员已被公安机关控制"，这是我们都不愿意看到的结果。通过谈心，我们要进一步端正这种认识。所谓"对话"，就是要"当面锣、对面鼓"，字字有声、句句落实。企业董事长应该怎么办？就是要把安全生产的措施拿出来，把保证安全生产的办法拿出来。特别是针对企业自身存在的隐患，要像查体一样，不要讳疾忌医，大到"心脑血管"，小到"肢体障碍"，都要清清楚楚，对症下药。所以说，"对话"目的就是要拿出针对性的办法。所谓"会议"就是聚会而议，要会而议、议而决、决而行，定了的事必须马上就办。譬如，"五落实五到位"的问题、"两听两看五查"的问题，这些具体要求和措施我们必须全面落实、认真贯彻。化工产业作为泰安的传统产业，同其他产业一样面临着巨大的下行压力，但是绝不能因为形势困难就减少安全生产投入、弱化安全生产措施。我建议在座54家企业的董事长们，给市政府安委会写一份承诺书。承诺书要分三个部分：一是谈心对话之后，自己在思想上有何体会，有什么新的认识；二是目前本企业在安全生产方面存在哪些隐患和问题；三是着眼于职工的人身安全，着眼于企业的长远发展，制定抓好本企业安全生产工作的措施。承诺书不一定长，要句句见实、条条见真。承诺书要在企业内部张贴，让职工都能看到。我想，这既是企业家对党委政府、对职工、对社会的庄严承诺，也是企业家综合素质的集中展现，更是作为一个堂堂正正的"人"、一个大写的"人"优秀品德的具体体现。抓好安全生产，保职工生命安全和家庭幸福，是一件积德行善的事。我们绝不能等出了问题的时候再去重视、再去补救，真到了那时候也补救不了、挽回不了！

总之，安全生产工作如何强调都不过分，极端重要、首要位置和根本好转，都是实实在在的要求。在泰安，安全生产的"根本好转"首先要表现在企业安全管理的"根本好转"上，企业安全管理的"根本好转"要表现在董事长思想认识的"根本好转"上，企业董事长思想认识的"根本好转"就要表现在谈心对话之后，你的行动实践上！希望各个县（市、区）、各个企业、各位企业家，把安全生产工作当成自己的事情，当成自己家里的事情，紧紧绷在心上、牢牢抓在手上，切切实实抓紧抓好，共同保障泰安经济社会的健康平稳发展。

（节选自 2015 年 8 月 31 日在市领导与危化品企业主要负责人谈心对话会议上的讲话，根据录音整理）

真正体现"第一意识"

我们每月召开一次安全生产督导会议，每次会议在督导情况、安排工作、提出要求的同时，都怀着沉重的压力，因为安全生产形势的严峻性和事故的突发性是持续存在的。近几年来，我们采取了若干有效措施，较好地遏制了各类事故的发生，但是安全风险依然存在，既有天灾也有人祸，容不得我们半点懈怠。作为分管和主管安全生产的同志，既然党委政府把这副重担交给我们，我们就必须迎难而上、知难而进，切实怀着一种打攻坚战、打主动仗的心态去攻坚克难、抓好工作。我们不能被动地"兵来将挡、水来土囤"，要站在制高点上，看透安全生产的形势，把握准安全生产的薄弱环节，解决好安全生产隐患，确保持续的长治久安。

要进一步深化对安全生产工作的认识。青岛"11·22"事故之后，习近平总书记做出重要批示。习近平总书记的批示要求归纳起来就是"红线意识""底线思维""党政同责"。所谓"红线意识"，就是我们不要带血的GDP，发展不能以牺牲人的生命为代价；所谓"底线思维"，就是任何工作都必须以安全为前提，否则一切工作成绩都无从谈起，党的宗旨观念更无从体现；"党政同责"是在党的历史上特别是改革开放以来首次提出，这些批示和要求充分体现了习近平总书记对安全生产工作的高度重视和深刻理解。天津"8·12"事故之后，习近平总书记又连续做了两次批示，提出了三个重要观点，那就是"首要位置""根本好转"和"第一意识"。"首要位置"和"根本好转"是对党委政府的要求，"第一意识"是对企业落实主体责任的要求。所谓"首要位置"，就是作为党政机关、党员干部，抓任何工作都要把安全生产放在第一位。我们党的根本宗旨是全心全意为人民服务，是维护人民群众的根本利益，而生命安全是人民群众首要的利益，所以我们必须把安全生产摆到一切工作的首要位置。所谓"根本好转"，就是安全生产工作的目标或者说标准。在泰安，我们提出要坚决杜绝较大以上事故，努力追求工矿商贸领域"零死亡"的目标。这是我们根据中央要求和泰安实际，立足几年来的工作基础提出的目标，完全符合"根本好转"的要求。所谓"第一意识"，就是对任何企业来说，做不到安全就不能生产，做不到安全就不能经营，做不到安全就不会有效益。近期省内几个化工企业连续出事故，省政府直接明文要求，凡是试生产的化工企业一律停产，因为问题都是在试生产期间出现的。这一举措充分表明，企业负责人必须把安全作为"第一意识"，否则就将付出沉重的代价。总之，在安全生产方面我们要继续深化认识，真正把中央和上级的要求领会好、贯彻好，结合实际认真落实好，确保不出问题。

安委会成员单位要切实担当责任。 按照党中央、国务院提出的"三个必须"（管行业必须管安全、管业务必须管安全、管生产经营必须管安全）要求，各行业领域主管部门在安全生产方面有法定的、不可推卸的管理责任。各部门主要负责人必须高度重视、亲自过问，分管领导要切实负责、具体抓好，这是大家义不容辞的责任。中央要求各级领导干部要做到忠诚、干净、担当，这些要求在安全生产工作中能够很直观地体现出来。安全生产工作可以说是一项很难抓、很难抓好的工作，很多地方、很多人不愿抓、不敢抓、不会抓，但是从泰安的情况看，同志们立足于对党忠诚、立足于强烈的担当精神，勇敢肩负起了这份责任。安全生产的规律和特点表明：抓就比不抓强，会抓就比不会抓强，抓好就比抓不好强。我们应当有这份信心、有这份底气，只要工作真正到位了，即使真出了事故我们也问心无愧。

（节选自 2015 年 9 月 30 日在市政府安全生产月督导人员密集场所工作会议上的讲话，根据录音整理）

举一反三抓整改

过去几年我市保持了比较平稳的安全生产形势，但是风险和隐患一直存在，安全生产的压力始终没有放松。我们明确提出安全生产要打攻坚战、打主动仗，不能畏难发愁。

进一步把握"严、实"要求，全面排查整改事故隐患。各县（市、区）开展拉网式隐患大排查，重点排查好企业里的"破"地方，老企业里的"旧"地方，以及灯光下的"黑"地方，包括"光鲜"办公楼后面的"破烂"地方。同时，要把隐患排查和铁腕整治结合起来，尤其是已经超过使用年限的老设备、老装置，必须全部停用、限期拆除，做到强力关、强力停、强力换。对此，我们不能心存顾虑，各县（市、区）、各行业领域要迅速组织一次全面排查，坚决整改到位。市政府在多次会议上一再重申对企业的态度问题，在生产经营方面政府将提供周到服务，在安全生产方面政府就是要坚决依法行使监管权力。我们要认识到，这些老设备、老装置，摆在博物馆里是文物，但是应用到生产中就是隐患，一旦出了事故就是"凶器"。

举一反三，放眼全局，进一步提升整体工作水平。一方面要汲取事故教训，另一方面不能就事论事，要从系统和全局的高度全面审视各自安全生产工作的方方面面。安全生产的重要意义我们一讲再讲，不能再重复了！关键是沉下心来扎扎实实地落实各项措施，搞好隐患排查和事故预防，尤其要解决安全生产中"人"的因素，也就是"最后一拃"的问题。新的时代背景下，过去那种面对险情奋不顾身、舍身抢险的观念需要转变，事故现场的职工可以呼救、可以报警，同时首先要有自我保护意识，要确保自身的安全。

重新审视县（市、区）党委政府对安全生产的重视程度。党中央已经提出了明确要求，安全生产要做到"党政同责"。在历次会议上，市委、市政府一再强调这个问题。作为守土有责、主政一方的县（市、区）党委、政府，有没有真正把"党政同责"的要求落到实处？有没有真正把安全生产摆到"首要位置"？有没有深入研究、思考、分析安全生产这项工作？希望各县（市、区）再重新自我审视一下，不要等出了问题再算"后账"。要突出抓好在企业主体责任落实方面党委政府的作用。实践证明，不管党委政府如何重视，如果企业不重视，发生事故是早晚的事。哪怕在比较好的企业里，安全管理粗放的问题仍然存在。联想到前一段时间我们对企业负责人开展的问卷调查，实际上是一次安全生产的心理测试。按照调查结果，企业负责人对安全生产重视程度都填写了"高度重视"，对本企业的隐患都填写了"十分了解"，但实际上是什么情况我们还不得而知。由此可见，我们在企业家队伍建设方面的工作仍然任重道远。如果说党员领导干部在大局意识、自律意识等方面还算合格的话，有些企业家尤其是民营企业家可以说是处于法律框架内"无法无天"的状态。因此，县（市、区）党委、政府对安全生产工作的重视，必须在督促企业落实主体责任方面要有所体现。

（节选自 2015 年 9 月 30 日在安全生产东平现场会议上的讲话，根据录音整理）

基于经济新常态下安全
生产新常态问题的对策建议

安全生产人命关天。党的十八大和十八届三中、四中、五中全会均对安全生产做出重大部署，习近平总书记系列重要讲话和重要批示、重要指示，对安全生产提出了明确要求。在我国经济发展进入新常态的时代背景下，安全生产面临新的重大课题和挑战。围绕如何加强经济新常态下安全生产工作，着力破解安全发展进程中的难题矛盾，结合山东省特别是泰安实际和近几年来的工作实践，进行了认真思考和研究。

一、经济新常态背景下安全生产也进入新常态

新常态下，我国经济发展呈现出速度变化、结构优化、动力转换三大特点。过去各地区动辄 10% 以上的经济增长速度一去不返，巨量的过剩产能、重复建设和低端产业面临的倒逼压力前所未有，亟待调整转型。因此，经济中高速增长、产业中高端发展，成为经济新常态的重要标志。伴随着经济新常态，社会各个领域、各个方面也相应地逐步进入新的发展阶段，无论是政治生活、社会治理、文化建设，还是人与自然的关系，都面临着新形势、新任务、新矛盾、新挑战。在这种背景下，安全生产也进入了一种新常态。

安全生产新常态也有两个主要标志：一是事故多发易发。根据国家统计局发布的数据，2014 年，全国共发生各类生产安全事故 29 万多起，造成死亡 68061 人，平均每天发生近 800 起、死亡 186 人，造成的经济损失更是不可估量。尤其是重特大事故屡有发生，如青岛 "11·22" 燃气管道爆炸事故、天津港燃爆事故、昆山粉尘爆炸事故、吉林宝源丰禽业公司液氨泄

露爆炸事故等，并且呈现出由传统多发领域向一般领域蔓延、由发展中地区向较发达地区蔓延的态势。这些事故在导致重大人员伤亡和财产损失的同时，也造成了极坏的社会影响。可以说，多发易发的安全事故仍是现阶段对人民群众利益的最大威胁。二是事故能防能控。统计资料显示，全国安全生产事故在 2002 年到达最高峰，此后连续十几年呈现逐年下降趋势。事故起数由 2002 年的 107 万起，下降至去年的 29 万起；死亡人数由 2002 年的 14 万人下降到去年的 6.8 万人；重特大事故数量由 2002 年的 128 起下降到去年的 42 起，亿元 GDP 死亡率、十万人就业死亡率、道路交通死亡率、百万吨煤死亡率等，下降幅度都在 80% 以上。全省和我市的安全生产形势，与全国基本一致。特别是我们这种下降趋势，是在经济高速发展、市场主体数量井喷式增长的情况下实现的。这表明，虽然安全生产事故成因复杂、偶然性大，安全生产工作面广量大、任务艰巨，但是只要有正确的导向、科学的方法和对路的措施，安全生产事故完全能防能控。

综合分析，在新常态下，事故多发易发是客观现实，事故能防能控需主观努力。正确审视事故多发易发的现实，就能让我们充分认识到当前安全生产形势的严峻性；理性看待事故能防能控的希望，就能让我们坚定做好安全生产工作的信心和决心。适应新常态、把握新常态、引领新常态，是当前及今后一个时期经济发展的大逻辑，也是安全生产的大逻辑。这要求我们必须把安全生产放到改革发展稳定大局中去认识和把握，积极适应安全生产新形势、新任务和环境、条件的变化，勇于探索规律、勇于创新实践，努力预防和减少各类事故，把事故损失降到最低，以确保人民群众生命财产安全的实际行动，更好地践行我们党一切为了群众利益的宗旨和路线。

二、新常态下安全生产的突出问题及原因分析

近年来，一些地方安全生产事故多发易发，特别是重特大事故时有发生，暴露出安全发展理念、安全生产基础、安全监管执法、安全责任落实等方面存在诸多问题，特别是有些旧的问题还没解决，新的问题又在不断产生。究其原因，主要是存在"五个不到位"：

（一）企业主体责任不到位

这是造成事故多发易发的主要问题、根本隐患和直接原因。一是企业负责人认识不到位。一些企业特别是中小企业的负责人重生产、轻安全，过分追求利润，安全意识淡薄，存有侥幸心理，有的还认为抓安全生产工作是为政府抓的，甚至法定职责都不能落实。前段，我们对全市115家危化品企业进行了市长谈话，并设计开展了一次问卷调查，列举了十个问题，其中第一栏为负责人对本企业安全生产的态度，是极端重视、比较重视、还是不够重视。调查结果全部为极端重视，但是根据平时掌握的情况，实际上不到60%。这从一个侧面反映出，企业主体责任落实远不到位。二是企业安全机制和设施配套不到位。经济下行压力大，一些企业效益滑坡严重，舍不得安全投入，装备水平低，技术条件差，工艺落后，管理缺失，违法违规行为大量存在，埋下事故隐患。三是职工安全规范和自保意识不到位。受"用工难用工贵"的大形势影响，很多企业职工队伍流动性大，加上缺乏规范的岗前安全培训，职工在岗操作凭感觉、抱侥幸，安全意识难树立、安全习惯难养成、安全行为难规范，导致隐患难消除。

（二）党政同责落实不到位

安全生产"党政同责、一岗双责、齐抓共管、失职追责"的要求，目前在一些地方还没有真正落到实处。具体来说，有四个表现：一是形式上重视，内容上不重视。有的地方满足于下发了文件、召开了会议、提出了要求，开会、发文、搞检查等形式的东西多。但在实际工作中，领导力量倾斜不够，对安全生产缺乏系统性研究，具体抓和抓具体的功夫不深、内容不实，存在形式主义和表面文章的问题。二是口头上重视，行动上不重视。有些地方和领导干部对安全生产说得多、做得少，许多工作仍停留在口头上、文件上，存在讲起来重要、做起来次要、忙起来不要的现象，特别是对事关安全生产的重大事项研究解决不及时、不到位。三是思想上重视，方法上不重视。有的领导干部对安全生产的认识程度和重视程度不可谓不高，抓好安全生产的愿望和决心不可谓不大，但是面对新形势新任务存在"不会抓"的问题，对安全生产的规律特点缺乏研究、探索不足，抓安全生产仍旧采用"头疼医头、脚疼医脚""兵来将挡、水来土囤"的办法，缺乏系统思维、战略规划和顶层设计，不知道抓什么、怎么抓，在抓安全生产的办法和能力上还有欠缺。四是出了问题重视，平时不够重视。一些地方发生安全事故特别是大的事故后，几大班子齐上阵，忙于搞救援、抓善后，虽然处置比较及时，但是暴露出平时对隐患排查和事故预防重视不够。另外，省、市、县、乡四级党委政府在安全生产上的具体职责层次不够清晰，工作重点不够突出，有时推进措施和监管面存有重叠，还没有很好地解决本级抓什么、怎么抓的问题。

（三）"三个必须"落实不到位

"管行业必须管安全、管业务必须管安全、管生产经营必须管安全"的要求在一些行业、部门没有真正贯彻落实，特别是在"管业务必须管安全"上还有较大差距。有的行业管理部门对本行业领域管控不够到位，监管监察不够严格，安全检查有时出现走形式的倾向，个别地方在基层出现了断层。有的对业务范围内的安全生产只有指导和部署权，没有执法和处罚权，出现了监管缺位。比如，通讯管理部门对本领域的安全生产隐患和事故，住建部门对物业领域、农业部门对农村沼气的隐患和事故等，就存在上述问题。在涉及多个部门监管的行业中，个别部门认为自己只是参与监管，在落实安全生产监管责任上不主动、不积极，甚至互相推诿。比如，对餐饮场所液化气瓶的监管，涉及住建、质监、公安消防等多个部门，有时就存在都管但是都管不好的问题。还有个别行业监管部门认为，安全监管主要是各级安监部门的责任，没有充分认清法律法规及政府规定应由其承担的职责。

（四）安全生产执法不到位

企业主体责任不落实的问题，与安全生产执法不到位有很大关系。新《安全生产法》重点强调了明责、履责和追责的问题，对政府、部门、企业处罚力度的规定是空前的，但是当安全生产与经济发展产生矛盾时，个别地方首先考虑的还是财政税收、就业安置和社会稳定等因素，片面追求经济发展速度，打非治违不坚决、不彻底，安全生产执法不严格、处罚不严厉，说到底还是存有侥幸心理。有的地方担心影响发展环境，设置了首次不罚的规定，一定程度上影响了执法的严肃性和威慑性；有的行业管理部门重收费、轻执法，重审批、轻监管，存在以言代法、以罚代法、以收费代处罚、人情执法等现象。另外，基层安全监管力量严重不足，监管网络难以做到全覆盖；当前对于安全生产的法制宣传不够广泛，法治观念还没有深入人心，也在一定程度上影响和制约了安全生产执法工作的开展。个别地方对事故调查处理存在"失之于软、失之于宽"的现象，没有起到应有的警示教育作用。

（五）直接安全监管不到位

很大程度上，这种不到位源于目前安全生产管理体制方面存在一些问题。一是制度设计不够合理。现行体制下，各级安监部门一方面要履行综合监管职责，指导、协调和监督同级政府有关部门和下一级政府的安全生产工作；另一方面，安监部门又直接监管着非煤矿山、危险化学品、烟花爆竹、工矿商贸等行业和领域，安监部门既当"裁判员"，又当"运动员"，难以处于一种中立、公正的位置，必然影响安全生产执法的公正性、权威性，安全监管的效力和效能难以保障。二是安全监管任务跨行业跨领域，面广量大。安监部门除直接监管非煤矿山、危险化学品、烟花爆竹三个领域外，还涉及纺织、冶金、有色、建材、机械、轻工、烟草、商贸等八个行业领域。同时，承担着对道路交通、建筑施工、人员密集场所、民爆器材、森林防火等综合监管职责，涉及行业领域众多，面广量大。行业管理部门撤销后，一些行业安全监管缺失，甚至在基层出现了断层。安监部门承担的职责范围宽、力不从心，管不过来、管不好的问题较为突出。三是监管力量严重不足。目前存在的倾向是，上下人员力量和任务总量不匹配的问题比较严重。越往下监管任务越重，但监管力量却越是薄弱。特别是县、乡基层安全监管人员与承担的繁重监管任务不相适应，乡镇安办机构不在编制序列，监管人员不具备执法资格。面对繁重的安全监管任务，基层单位有时无人下手，也无从下手。以泰安为例，全市具有一定规模的生产经营单位 8 万余家，安全监管人员只有 400 余人，由于人员、编制等方面的限制，市级安监部门不足 50 人，县级普遍只有 20 多人，到了乡镇更是只有 2—3 人。这种倒金字塔形的结构，难以实施全面的安全监管。加之当前安全生产工作责任重、压力大，很多人不愿抓、不敢抓，成为制约安全生产的现实问题。四是新增安全隐患凸显。随着"大众创业、万众创新"进程的加快，加之商事制度改革等政策措施深入推进，政府简政放权力度加大，在监管上更加注重事中事后监管，市场主体呈现井喷式增长态势，这在某种程度上导致新增主体良莠不齐，增加了新的安全隐患，加大了安全生产监管难度。

三、新常态下做好安全生产工作的对策建议

通过认真总结近年来安全生产工作的实践，充分考虑当前安全生产形势任务的艰巨性和严峻性，我们认为，要实现新常态下安全生产形势的根本好转，当前和今后一个时期应重点从以下方面入手着力。

（一）把安全生产工作纳入社会治理大格局，真正落实党政同责

当前，全面深化改革已进入攻坚期、深水区，在给经济社会发展注入巨大活力的同时，社会保障、收入分配、安全生产、社会治安等问题日益凸显。各级党委政府对安全生产越来越重视，社会各界越来越关注，必须真正纳入社会治理的范畴。一是把安全生产作为社会治理工作重中之重来抓。社会稳定、社会治安、社会安全是社会治理的三大重点。安全生产事关人民群众生命财产安全，一旦发生安全生产事故，往往造成巨大的经济损失和严重的社会影响，可以说，社会安全已成为新常态下最突出的矛盾。在推进国家治理体系和治理能力现代化的过程中，各级党委政府必须要把安全生产作为社会治理的重中之重，真正做到与经济发展同部署、同检查、同考核，以切实服务和保障安全发展这个最大民生。二是凝聚形成齐抓共管安全生产的工作合力。党的十八大以来，我国社会治理突出党政主导下的社会各方参与，集中体现了系统治理、依法治理、综合治理、源头治理的原则。把安全生产工作纳入社会治理大格局，是落实党政同责的具体体现，是实现齐抓共管的内在要求，有利于解决好安全监管部门"就安全抓安全"的问题，推进"党政同责、一岗双责"安全生产责任体系的建立完善和有效运行，努力构建"党委领导、政府主抓、部门监管、企业负责、群众参与、全社会广泛支持"的安全生产格局。三是推动领导干部由"真重视"向"会重视"转变。从领导干部层面讲，可以说现阶段没有不重视

安全生产的，亟待解决的问题是怎样抓好安全生产，如何做到"会重视"的问题。具体来说，要把"五个有"作为重要的衡量标准：思想上有位置，各级领导干部重视安全生产，要体现在能够正确处理经济发展与安全发展的关系上，头脑中时刻绷紧安全生产这根弦，切实把安全生产作为"天字一号工程"摆在首要位置，认真履行保一方平安的职责。计划上有安排，要把安全生产纳入本级党委政府经济社会发展的总体规划和年度工作计划，定期或及时召开常委会、常务会、专题会听取安全生产工作情况汇报，研究具体推进措施。工作上有行动，各级领导干部要率先垂范，经常深入一线检查指导安全生产工作，及时发现问题、"解剖麻雀"，督促落实安全生产责任。问题上有解决，各级党委政府要认真研究解决体制机制、人员编制、机构设置、安全投入等安全生产重大事项和实际问题，为搞好安全生产提供必要保障。干部上有使用，安监干部责任重大、任务艰巨、工作十分辛苦，各级党委政府要关心他们的成长进步，落实"从优待安"的措施，增强广大安监干部的事业心和荣誉感。四是要把"三个必须"扎扎实实落到实处。"管行业必须管安全、管业务必须管安全、管生产经营必须管安全"这"三个必须"，是发挥行业主管部门监管作用、确保监管主体责任落实到位的基本原则和根本要求。各级党政机关、企事业单位的领导干部和工作人员，除履行好自己的业务职责外，都要承担起本领域有关的安全生产管理职责，通过各方面齐心协力，共同筑牢安全生产防线。

（二）把企业主体责任切实落实到位，夯实安全生产基层基础

企业是安全生产的责任主体，是党委政府抓安全生产的着力点和落脚点。从根本上讲，要做好安全生产工作，关键在于严格落实企业的主体责任，切实解决"靠谁抓"的问题。新常态下，推动企业主体责任落实，必须有效运用政治、行政、法律、经济、市场等手段，多措并举，综合发力，切实打通安全生产"最后一炸"。一是政治手段。要充分发挥我们党的思想政治工作优势，通过谈心对话、警示教育等方式，引导和激发企业抓安全生产的主观能动性，使企业法定代表人、实际控制人等真正从思想上、感情上重视安全生产，不仅把员工当成雇员，更要把他们当成家庭成员，当成自己的兄弟姐妹，只有这样，企业才会自觉加大安全投入，才会主动强

化安全措施。二是行政手段。要充分发挥各级政府职能作用，运用行政许可、行政命令、监督检查等方式方法，督促企业严格遵守安全生产法律法规和相关规定。三是法律手段。加大对新《安全生产法》等法律法规的执行力度，依法查处各类安全生产非法违法行为，严惩安全生产方面的违法犯罪行为。建议在省级以下人民法院设立安全生产刑事审判庭，统一司法审判的法律适用和裁判尺度，依法严厉打击危害安全生产的犯罪行为。同时，结合典型案例，组织开展公开审判、以案释法等活动，做到"一厂出事故、多厂受教育，一地有隐患、多地受警示"，进一步增强政府、部门、企业及全民的安全法律意识。四是经济手段。要加大对安全生产违法行为处罚力度，提高企业的违法成本，使企业不敢违法、不想违法，主动自觉地改进安全监管、落实防范措施。五是市场手段。通过适当的财政和税收政策、提高市场准入门槛等方式，强化市场调控，淘汰落后产能，实现优胜劣汰。采取倒逼管理机制促进企业转型升级，对不具备安全生产条件的企业，坚决依法予以关闭，彻底消除事故隐患。

（三）把建立健全"两个体系"作为治本之策，做到标本兼治

党的十八届三中全会提出，要"深化安全生产管理体制改革，建立隐患排查治理体系和安全预防控制体系，遏制重特大安全事故"。这是做好新常态下安全生产工作的基本遵循。从目前情况看，一些地方抓安全生产仍然采用的是"事故推进工作"的导向。过去很长一个时期，这种工作模式取得了一定效果，但是在新常态下已难以适应形势任务的需要。近几年，泰安市坚持立足当前、着眼长远，实行"两手抓"，即一手抓源头治理，驰而不息排查隐患，一手抓治本之策，加快建设科学预防体系，收到的效果比较明显。这启示我们，做好新常态下的安全生产工作，必须从实际出发、按规律办事，认真研究探索安全生产的规律、特点，着力加强隐患排查治理体系和安全生产科学预防体系"两个体系"建设，着力强化科学预防和源头防范工作，切实做到标本兼治、重在治本。一是抓隐患排查治理体系建设。以企业分级分类管理系统为基础，以企业安全隐患自查自报系统为核心，以完善安全监管责任机制和考核机制为抓手，以制定安全标准体系为支撑，建立完善科学适用的"重预防、全过程、动态化"的安全隐患排

查治理体系，健全企业隐患自查自纠和政府部门隐患排查治理监管制度，依托信息手段实现全国上下信息系统的互联互通，使安全生产隐患排查治理工作实现制度化、规范化、常态化，建立起隐患排查治理的长效机制。二是抓安全生产科学预防体系建设。围绕构建安全预防控制体系，近年来，我们在全面深入分析把握各行业、各领域、各企业生产特点和周期规律的基础上，策划推进了"安如泰山"科学预防体系建设，着力改变事故发生后突击检查治理的运动式安全管理方式，旨在编织全方位、立体化的安全防护网，彻底解决"兵来将挡、水来土囤"的问题，最终实现本质安全。这在一定程度上为地方政府抓安全生产做出了有益探索。

（四）把改革安全管理体制作为重要突破口，确保综合监管到位

针对当前一些地方的安全生产管不了、管不好、不愿管等突出问题，必须从全局的高度和科学的角度加强顶层设计，全面深化管理体制改革，推进工作机制创新，切实提高新常态下安监系统的整体工作效能。一是重新定位安监部门职能。要改变目前安监部门既承担直接监管任务、又履行综合监管职责，既是"运动员"、又是"裁判员"的现状，迫切需要把安监部门从具体专项监管中解脱出来，更加突出和强化其综合监管业务职能。这有利于安监部门对本区域安全生产从整体上进行通盘考虑和监督监察，以更好地履行工作职能，彻底解决"管不了"的问题。二是进一步明确各行业领域的监管部门。严格按照"管行业必须管安全、管业务必须管安全、管生产经营必须管安全"的要求，进一步厘清每一个行业领域的安全生产监管部门，做到权责匹配，杜绝多头监管、重复执法，解决"管不好"的问题。三是改进安全生产责任追究导向。进一步优化完善安全生产考核评价体系，探索建立安全生产履职免责机制，客观评价一个地区、一个部门抓安全生产的工作力度、扎实程度和水平高度，打破安全生产工作"好干部不愿干、差干部干不了"的困局，切实解决"不愿管"的问题。

（五）把研究新情况解决新问题作为工作着力点，促进安全生产与时俱进

对新常态下安全生产工作遇到的新情况、新问题，必须坚持与时俱进、及时跟进，用创新的思维理念加以研究和解决，增强安全生产工作的时代

性和实效性。一是在大众创业、万众创新的时代浪潮中，必须重视"全员创安"。当前，大众创业、万众创新的热潮在各地激流涌动，"双创"催生了新的经济业态、激发了新的发展活力、培育了新的市场主体，为应对经济压力提供了强大动力，但是辩证地看，也随之催生了安全生产新的监管对象和新的潜在风险。安全生产是经济社会发展的"生命线"，是一条不可逾越的"红线"。我们在努力解决安全生产"存量"问题的同时，必须把"安全第一"的理念贯穿到"大众创业、万众创新"的全过程、各层面，建立健全"负面清单"机制，切实从源头上减少或杜绝安全生产的"增量"问题，确保"大众安全创业、万众安全创新"。二是在"互联网＋"思维全面渗透改造传统产业的过程中，必须植入安全生产要素，推动"互联网＋安全生产"。原有的安全生产监管方式对应了传统的产业发展模式。现在"互联网＋"已经遍布各个领域，尤其是工业领域在"互联网＋"的推动下，生产要素的匹配法则发生了改变，传统产业模式逐步向"微笑曲线"两端转型升级，原有的安全监管方式必然要相应调整。从研发到制造、从生产到销售等各个环节，都必须植入新的安全生产要素，实现"互联网＋安全生产"。三是在打好转方式调结构攻坚战中，要重视培育发展安全生产新兴产业，实现"科技兴安"。安全生产模式和方法的改变，需要有新的技术、设备来支撑。要把安全生产新兴产业作为创新创业的重要领域，在各个方面给予倾斜支持，从技术装备、关键环节、中介服务等方面，不断延伸产业链条，提升安全生产工作的科学化、现代化水平。

（六）把"全民重安"作为民生大事和惠民之举，促进和谐共享发展

全民重视安全、增进民生福祉，是践行党的根本宗旨和群众路线的具体体现，是实现全面小康和社会文明进步的重要标志，也是实现安全生产形势根本好转的思想基础。在推进路径上，实现"全民重安"必须以企业的"全员重安"为引领，以员工带企业、以企业带行业，以个人带家庭、以家庭带社区、以社区带社会，把"全民重安"的意识逐步向全社会各层面延伸和覆盖。这就要求，企业关键岗位职工要形成安全习惯，铸造个人安全品德；所有企业员工要形成安全生产的个人自觉，打造企业安全文化；全社会公民要形成安全理念，创造社会安全文明。在具体方式上，要坚持

点、线、面相结合，突出职工安全培训这个"点"，把安全教育作为职业教育和职工培训的重要内容，全面提高职工安全素质；统筹全民安全教育这条"线"，特别是注重从娃娃抓起，从义务教育阶段做起，重视加强安全意识的教育培养，通过一代人、两代人的努力，让每一名学生树立正确的安全理念、养成良好的安全习惯；牵动社会安全宣传这个"面"，把握正确舆论导向，强化正面引导、案例警示等，不断提高全社会的安全意识。安全生产的终极目标是本质安全。通过抓"点"、连"线"、带"面"，强化全社会的安全意识和自觉行为，进一步加快"本质安全"社会建设进程。这几年，泰安较为平稳的安全形势和较为有效的工作措施，已经潜移默化地影响了社会各个层面的思想和心态，目前人民群众对安全生产工作前所未有关注，对平稳的安全局面前所未有珍惜，这为进一步做好新常态下的安全生产工作、促进社会长治久安营造了有利的社会氛围。

（节选自2015年11月23日国务院安委会赴山东省采取断然措施坚决遏制重特大事故工作组座谈会上的发言，根据录音整理）

要解决好"会重视"的问题

近段时间，全省安全生产形势十分严峻，引起了党中央、国务院的高度重视，先后委派两个工作组，帮助山东研究如何采取断然措施遏制事故多发易发的势头。其间，我代表泰安参加工作组召集的座谈会，谈了我市安全生产工作方面的做法以及个人的一些思考。这几年来，得益于市委市政府的正确领导，得益于各个县（市、区）、各个部门的辛勤工作，得益于各位分管的同志和各个企业的共同努力，也得益于我们越来越浓厚的安全生产社会氛围，泰安的安全生产工作走在了全省乃至全国的前列。我从另外的角度就安全生产工作与大家交流几点想法。

一、在社会矛盾越来越发生新变化的今天，必须清醒地认识到安全生产已经成为社会的突出矛盾

党的十八届三中全会提出了社会治理能力和社会治理体系现代化的问题，这是党中央站在社会发展规律、人类进步规律的高度，做出的顶层设计。现在社会治理主要有三大矛盾：一是社会稳定，二是社会治安，三是社会安全。社会稳定的矛盾主要是指群体性事件。这几年来全省、全市都没有发生大的群体性事件，整个社会局势比较平稳，各级党委政府的维稳措施和办法都得到了比较好的落实。社会治安方面，构建了立体型的防控体系，使社会治安案件得到了有效遏制。但是社会安全方面，目前全省可以说是处于一种疲于应付的局面，成为当前困扰各级的突出矛盾。在这样一种形势下，作为一级党委政府就必须把握好、掌控好大局。在此，我提醒同志们会后一定要向本县（市、区）、本部门的主要领导汇报清楚，要把握大势、认清形势，做到胸有成竹。

人民群众都是向善的，但关键是党委政府要把民生事业、经济发展、安全稳定的问题解决好，让人民群众共享共荣、得到实惠。现在安全生产的问题已经成为全省社会治理最大的难题，造成的事故教训很惨痛，我们务必充分、清醒地把握好这个社会大局。

二、在企业主体责任越来越重要的情况下，必须使企业主体责任真正落实到位

就安全生产的问题，我们对企业可以说是苦口婆心，不断警醒提示："可能辛辛苦苦一辈子才能干成一个企业，但是如果对安全生产不重视，很可能一时疏忽一夜之间就毁掉一个企业"；"企业在安全生产上出了事，出小事捅天、出大事塌天"。我们告诫企业负责人："不要只把职工仅仅当成雇员，更要把他们当成家庭成员"；"企业负责人要扪心自问，把老板豪华的汽车和陈旧的设备比较一下，把企业气派的办公大楼和破旧的车间对比一下，把高档规范的餐厅和低端混乱的生产线比较一下"。我们也一再强调政府对待企业的态度问题："如果在生产经营方面政府要为企业提供周到服务的话，那么在安全生产上政府就是要依法坚决行使权力。"但是真正落脚到企业的时候，主体责任不落实的问题仍然比较普遍。上次市政府与全市115家危化品企业负责人进行谈心谈话之后，我要求他们每人写一篇心得体会，并利用在省里学习的空余时间逐篇逐页逐字进行了审阅，每篇都打了批语。看了之后，我感到相当多的企业负责人对企业主体责任的认识是不到位的，存有侥幸心理。要真正解决这个问题，市政府将采取五种手段：第一，政治手段。我们抓安全生产工作必须要发挥党的政治优势，让企业负责人发自内心地从感情上、思想上都重视起来。向中办工作组介绍泰安的工作情况时，我首先说的就是泰安的干部是怀着对人民群众的深厚感情来抓这项工作。要解决企业主体责任落实的问题，也必须从企业负责人的思想认识、宗旨观念上入手。第二，行政手段。政府抓安全生产是在依法行使权力，就是得有强制性的措施。对主体责任不落实的企业，政府必须强管，该关要关、该停要停。第三，法律手段。新《安全生产法》已经正式实施，为我们抓好这项工作提供了有力的法律武器和"尚方宝剑"。我们

必须用好、用足法律的武器，敢执法、真执法、严执法，让企业心存敬畏、不凭侥幸。下一步，安全生产执法要采取现场执法，发现隐患要当场处罚、毫不客气，彻底改变过去企业"欢迎"检查、依赖检查的怪状。第四，市场手段。要让安全生产成为企业参与市场竞争的重要指标。通过政府主导和引导，建立适合安全生产的市场竞争法则，让抓不好安全生产的企业没有利润，直至被市场淘汰；让安全隐患多的设备和生产线没有效益，直至被企业淘汰。第五，经济手段。从明年开始，除了道路交通领域之外，对全市所有工矿商贸领域的事故，要采取累进制政府归集的方式进行经济处罚。那些问题不排查、隐患不治理、责任不落实，特别是出了问题的企业，一律顶格处罚。通过这五大手段，我们要真正把企业的主体责任落实到位。各县（市、区）和各行业主管部门要研究细化的办法，抓好贯彻落实。

三、在各级领导越来越重视的情况下，要解决好"会重视"的问题

近年来，尤其是中央明确提出"党政同责"的要求以来，各级党委政府对安全生产工作越来越重视。这种重视不能仅仅体现在会议讲话上，不能仅仅体现在文件上，要真正体现在实实在在的行动中。根据我们过去的经验，要实现安全生产"会重视"，必须做到以下几点：第一，思想上有位置。作为一名领导干部特别是主要负责人，思想上、头脑中都要时刻绷紧安全生产这根弦，在全局工作的谋划中、在各项工作的具体推进中，都要体现安全生产的重要位置。第二，计划上有安排。各级党委政府以及有关部门不能满足于"头疼医头、脚痛医脚"的被动局面，要提前谋划安全生产的任务、目标、重点和措施，制订安全生产的工作计划，坚决杜绝临时性、运动式的短期行为。第三，工作上有行动。思想上的位置、计划上的安排，最终都要体现在工作行动上。要按照既定的计划安排，一步一个脚印，扎扎实实地把各项工作落到实处。第四，问题上有解决。安全生产工作中的很多问题单靠安监部门的力量是无法解决的，比如人员编制、装备配备、经费保障、关系协调、职责界定等。要解决这些问题，党委政府主要领导要亲自过问、亲自安排、亲自督促才行，这也是"主政一方、保一方平安"的重要职责。第五，干部上有使用。泰安在安全生产方面最鲜明

的标志就是有一支士气高、斗志强的工作队伍。我们按照"钦差大臣、平安菩萨、忠诚卫士"三大定位，坚持"选一个好局长、配一个强班子、建一个铁队伍"三大要素，发扬"勇于负责、敢于负责、善于负责、极端负责"的工作精神，形成了泰安独具特色的安监队伍文化。如果各个县（市、区）、各个部门都能做到这"五个有"，我们就能真正实现由"真重视"向"会重视"的转变。

四、在事故追责越来越严厉的情况下，必须通过履职尽责来实现尽责有效

我曾多次提醒大家，"我们抓好安全生产也是为个人的成长铺平道路，为自己的发展扫清障碍"。现在安全事故的调查越来越倾向于提级调查，事故追责都是从严、从重处理。以平邑天宝化工发生的爆炸事故为例，本来执法人员已经提醒企业要更换设备，但是企业舍不得投入，政府跟踪落实也不到位，导致了惨剧的发生。最终省里的处罚决定是十分严厉的。所以，抓安全生产不能被动地抓，必须主动抓；不能满足于思想上、口头上"真重视"，必须在行动上"会重视"。我们最根本的问题是企业主体责任落实的问题，必须通过上面提到的五大措施把企业的主体责任落到实处；最直接的问题是关键岗位职工素质的问题，必须把安全的意识、习惯、自觉灌输给每一名企业职工，夯实安全生产的"最后一拃"。

（节选自 2015 年 11 月 26 日在市政府安全生产月督导暨全市安全生产隐患大排查快整治严执法集中行动部署会议上的讲话，根据录音整理）

要善于扭"龙头"牵"牛鼻"

安全生产涉及经济社会的方方面面，要抓好这项工作，必须得扭住"龙头"、牵住"牛鼻子"。经过几年来的工作实践和经验积累，我们对当前生产力条件下安全生产的过去、现在和未来，对它的发生、发展和结局，对它的历史成因、时代特点和未来趋势，都有了深入研究和深刻理解，进而能够始终牢牢把握安全生产工作的主动权，以必胜的信心、科学的方法来领导和指导这项工作。实践证明，我们的做法充分结合了泰安的市情实际，符合社会发展的规律、符合市场经济的规律、更加符合掌控安全生产工作的规律。

基于此，我们工作的总体思路是：在战略上，要打安全生产的主动仗；在战术上，要打好隐患排查治理的歼灭战，打赢科学预防体系建设的攻坚战；在具体战役上，要集中抓好企业安全生产主体责任的全面落实。因为企业就是"龙头"、企业主体责任就是"牛鼻子"，必须牢牢抓住不放。现在安全生产事故多发易发的直接原因，是企业主体责任不落实；存在的最大隐患，是企业主体责任不落实；面上工作的最主要矛盾，也是企业主体责任不落实。说到底，如果企业主体责任不落实，党政领导、监管部门再努力、即使 24 小时死盯死看死守，都是枉然。基于这种实际情况，我们必须遵循好这个规律、研究准这个特点、掌握好这个主动权。

企业主体责任不落实的原因包括内因和外因，其中内因是决定因素。有些企业负责人的思想认识和感情不到位，仅仅把职工当成雇员，没有真正把职工当成家庭成员。有的企业存在侥幸心理，认为出了事故、死了人，赔钱就可以了事，平时的责任不到位、措施不到位、制度不到位、投入不到位、应急不到位，这是绝对不允许的！必须充分认识到，企业董事长的生命宝贵，企业普通员工的生命同样宝贵！外因上，表现为重视程度不高、监管力量不足、科技手段不够等方面。理性分析外因，我们可以看到：第一，各级领导越来越高度重视。在当前形势下，如果还有哪一个领导干部不重视安全生产，那他肯定是不合格的。第二，安全法制越来越健全。新的《安全生产法》已经颁布实施，省、市两级各种地方法规、规定也在不断完善。第三，群众意识越来越自觉。大家都明白生命的可贵，基本上也都知道安全生产要从自身抓起、从自己做起。第四，社会舆论越来越关注。各路媒体对安全生产工作、安全生产事故的关注程度、报道密度、挖掘深度甚至超过了中央经济工作会议这类重大会议。正是基于这些外部因素，也基于泰安安全生产工作探索出的规律，我们必须牢牢抓住企业主体责任落实这个重点。我们一再强调：在政府对企业的态度问题上，如果说在生产经营方面政府要为企业提供周到服务的话，那么在安全生产方面政府就要依法行使权力，毫不客气！我们要坚定不移地抓好企业安全生产主体责任的全面落实，以体现政府在安全生产方面的鲜明态度。

关于安监干部队伍的精神状态问题。作为一名领导干部，尤其是负责安全生产工作的领导干部，必须以良好的精神状态来肩负使命、担当责任，这是对我们党性和人品的严厉考验。我们干工作本来就是一凭党性、二凭良心，二者要统一起来。特别是在当前这种形势严峻、任务艰巨的特殊时期，无论是主要负责同志、分管的同志还是直接负责的同志，都必须精力高度集中、精神高度振奋。为此，我有五句话与大家共勉：

第一，**尽忠尽德**。尽忠，就是对党要忠诚、要绝对忠诚；尽德，就是从个人的人品出发，对人民群众要高度负责。尽忠和尽德要高度统一。希望大家以这种对党的绝对忠诚和对人民群众的高度负责作为抓安全生产的不竭动力，全身心地干好工作。

第二，**尽职尽责**。在职责范围内，我们要不遗余力、心无旁骛。在我们下车间、下矿井检查的时候无论别人是在散步、在娱乐还是在游玩，我们都不攀比，因为这就是职责对我们提出的要求！

第三，**尽心尽力**。安全生产只有起点没有终点，层出不穷的隐患和问题太多、处置不当可能造成的危害太大，我们在尽职尽责的基础上还必须尽心尽力地去解决问题、排查新的问题，直到把发现的问题都逐一解决好，确保不出问题，至少不出大问题。

第四，尽廉尽敛。随着安全生产法治化进程的推进、各项执法监管措施的强化，安监工作者在工作中可能会面对越来越多的利益诱惑和人性考验，我们必须不断加强自身建设，严格做到廉洁自律。同时，抓安全生产不能有半点自满和骄傲的情绪，要时刻保持低调内敛。

第五，尽善尽美。要追求高标准、严要求，追求一个完美的目标。在安全生产方面，我们的目标就是除了交通领域以外，工矿商贸领域必须坚定不移地追求"零死亡"，给每一位员工一个完美的人生。尽忠尽德、尽职尽责、尽心尽力、尽廉尽敛、尽善尽美，可以作为泰安所有安监干部的人生修养标准，同时也是"安如泰山"安全文化的重要内涵。通过树立这"十尽"的目标追求，进一步坚定同志们抓安全生产的信心和决心。无论形势怎么变，不变的是安全生产的首要位置，是人民群众生命的第一地位，这样我们才能真正做到问心无愧。

[节选自 2015 年 12 月 28 日在市政府安全生产月督导县（市、区）工作会议上的讲话，根据录音整理]

科学预防篇

拿出硬办法

一、纳入社会大局

现代中国社会的治理结构已经发生了很大变化，社会稳定、社会治安和社会安全成为社会治理的三大主要矛盾。社会稳定问题主要是群体性事件，随着党委、政府公信力的提高，泰安已经基本解决了这方面问题。社会治安问题主要是一些刑事案件，泰安在这方面的状况也比较好，没有发生什么恶性案件。目前来看，社会安全已经成为当前和今后各级党委政府面临的头等问题，安全生产的形势越来越难以掌控，事故越来越易发多发，引起的社会关注度也越来越高。充分认识到这个大局，自觉把社会安全纳入社会治理体系，各级抓好安全生产的自觉性才能进一步提高。我们不能就安全抓安全，不能满足于"兵来将挡、水来土囤""头痛医头、脚痛医脚"。所以，市委市政府要把安全生产工作纳入社会治理体系中、纳入社会管理的大格局。

二、研究战略战术

抓安全生产工作就像打一场战争，必须研究战略、战术。从战略上，我们要打好安全生产工作的"主动仗"；在战术上，要打赢安全隐患排查治理的"歼灭战"和科学预防体系建设的"攻坚战"。在经济新常态下，安全生产工作也进入新常态。经济新常态有两大标志：经济中高速增长、产业中高端发展；安全生产新常态也有两大标志：事故多发易发、事故能防能控。看到事故多发易发，我们才能认清形势的严峻性；认识到事故能防能控，我们才能坚定做好工作的信心和决心。所以，我们在战略上提出要打安全生产"主动仗",发动从泰安市委市政府到各县（市、区）、到乡镇、到村居的各级力量,做到"五级五覆盖"全部到位,从上到下强化信心。我们的信心增强了,抓工作的自觉性才能提高,才能打好"主动仗"。同时,我们在战术上也有明确的办法,就是安全隐患排查治理的"歼灭战","安如泰山"科学预防体系建设的"攻坚战"。这两项工作相互结合、相互促进,既立足当下,又着眼长远,二者缺一不可。

三、突出工作重点

我们的实践经验和外地的事故教训一再证明,如果企业抓安全生产的主体责任不到位,无论党委政府再着急、再下功夫,都是白费。可以说,企业主体责任的落实问题是抓好安全生产工作的"牛鼻子",这个问题解决不好,抓安全生产工作"主动权"就会是一句空话。所以,要突出这个重点,集中解决这个问题。我们列举了从董事长到一线职工7大类、62项安全生产责任,建立完善的企业责任体系。在这个体系下,每个企业结合各自实际,对号入座逐一明确,建立责任链条,紧紧锁住每一个岗位、每一个环节、每一道工序的安全生产。我们以市政府安委会的名义给每个企业发了一封信,进一步明确表达了市政府对安全生产工作的态度,通过这种方式,引起全市上下的一致重视和共同认可,形成落实企业主体责任的良好氛围和强大合力。

四、五指形成重拳

落实企业主体责任,必须有强有力的手段。在泰安,我们主要运用五大手段:政治手段、行政手段、法律手段、经济手段和市场手段。一是政治手段。体现的是党政同责。在落实企业主体责任过程中,我们必须发挥党的政治优势,让企业董事长们带着深厚的感情去抓安全。我们一再强调,企业负责人不要仅仅把员工当成雇员,更得当成家庭成员、当成兄弟姐妹去关心。二是行政手段。政府有一系列的行政监管手段,在抓安全生产的过程中,一定要把这些手段用足、用好。三是法律手段。要高扬起法律的利剑,"打非治违"坚定不移、决不手软。而且,今年我们要实行现场执法，安监部门在检查中一旦发现企业的安全生产问题，现场就罚、现场就停、现场就关。杜绝过去那种企业"欢迎"安全检查的怪象，充分体现我们一直秉持的理念：在政府对待企业的态度上，在生产经营方面政府要为企业提供周到服务，在安全生产方面政府就要坚决依法行使权力。四是经济手段。那就是处罚，不仅要处罚企业，而且也要处罚当地政府。我们将采取累进制的安全生产资金归集办法。工矿商贸领域如果出现致人死亡的事故，死亡1人，属地政府归集资金100万元；死亡第2人，再归集200万元；死亡第3人，再归集300万元。这是借鉴了青岛市的做法，并做了改进，加入了累进制。这样做的目的不是为了罚款，而是进一步引起政府、企业对安全生产的高度重视，想方设法减少人员死亡，千方百计维护人民群众生命安全。五是市场手段。那就是遵循市场经济规律，让安全生产成为企业优胜劣汰的重要标准。如果企业抓不好安全生产，就会在激烈的市场竞争中被淘汰。总之，这五大手段就像五根手指，攥成强大有力的拳头，把企业主体责任砸死夯实，确保落实到位。

五、完善应急体系

市委市政府要确保泰安这7762平方公里土地的平安，出了问题必须及时、有效、科学地救援，把损失降到最低，特别是保护人的生命安全。现在各行各业都有一些应急资源，但是不成体系，必须给予整合。我们要建立市政府统一领导、消防支队统一管理，以消防支队为骨干，政府、企业、社会三方协作，市内所有专业救援队伍全面整合，专业化和职业化的应急救援体系。俗话说"养兵千日、用兵一时"，我们宁肯备而不用，也不能不备，一旦出现问题必须确保万无一失。这就是泰安市委市政府的明确态度。

六、切实加强领导

目前来看，各级领导干部对安全生产都很重视，但是真抓与不真抓不一样，会抓与不会抓不一样，急需解决的问题是由"真重视"向"会重视"的转变。基于过去几年的成功经验和有效做法，我们提出在泰安要做到五个"有"：第一，思想上有位置。党政主要负责人的头脑中始终要绷紧安全生产这根弦。我们多次提醒分管和主抓安全生产的同志，抓安全生产不是给别人抓的，实际上是给自己抓的；抓好了安全生产，就是为自己的成长铺平了道路，为自己的发展扫清了障碍。第二，计划上有安排。党政班子每年召开几次常委会、常务会来研究安全生产工作，组织几次调研、专题会来推进安全生产，都要列入工作计划。第三，工作上有行动。就像分管的同志要定期下矿井检查一样，党政主要领导要定期督导、调研、调度安全生产工作，以体现正确的工作导向。第四，问题上有解决。安全生产还有很多问题，例如人员力量的问题、经费不足的问题、设备老化的问题等，需要党委政府逐步予以解决。我们要充分认识到，安全生产是最能"花小钱办大事"的工作，先期少量的投入能够节省大量的资源和精力。如果对安全生产不重视、不投入，一旦出了事将会付出无尽的代价。第五，干部上有使用。安监系统的干部都是素质过硬、敢于担当的好干部。能把安全生产工作干好的同志，担当任何任务都能让组织放心、让群众满意，组织上应该有个"说法"。

总之，我们通过将安全生产纳入社会大局、研究战略战术、突出工作重点、五指形成重拳、完善应急体系、切实加强领导，确保泰安大地"安如泰山"。这是我们美好的期盼，也是我们不懈的追求，我们将通过扎扎实实的工作，去努力实现这种期盼和追求。

（节选自 2016 年 1 月 19 日在省政府安全生产督查组座谈会上的讲话，根据录音整理）

"五要之法" 抓落实

就在全市开展"企业安全生产主体责任全面落实年"活动，我讲几点意见：

第一，要在感情上动感情。近几年来，泰安市的安全生产工作取得了明显成效，其最根本的原因或者说最重要的经验，就是我们各级领导干部是怀着深厚的感情来抓这项工作的，真正践行了党的宗旨和群众路线。对此，上级领导和部门，包括中办的专题调研组都给予了高度评价。各级领导干部是这样，企业也要如此。我们一再强调：在抓安全生产的工作中，企业董事长、总经理不要把员工仅仅当成雇员，更要当成家庭成员、当成自己的兄弟姐妹。企业必须在这方面进一步提高认识，以满怀的深情激发工作的激情，切切实实把安全生产工作落到实处，最终形成深厚的企业安全文化。

第二，要在态度上看态度。我们根据市场经济规律、根据政府改革精神、根据新《安全生产法》的要求、根据对当前形势下安全生产规律的研究和把握，明确了政府对企业的态度：在生产经营方面，政府要为企业提供周到服务；在安全生产方面，政府要坚决依法行使权力。如果说政府为企业服务的"手"是十分温暖的"手"，那么政府依法行使安全生产监管权力的"手"则是十分刚硬的"手"！政府的态度很明确，企业的态度也应该很端正。现在仍有个别企业认为抓安全生产是给政府抓的、是给别人抓的，这是极大的误区和偏见，必须彻底澄清这种模糊认识。企业必须正确认识到，抓安全生产就是为自己而抓的、就是为企业的未来发展而抓的，更是为了渡过当前难关而抓的。因此，各级各类企业必须主动作为，坚定抓紧、抓实、抓好的态度。

第三，要在重点上抓重点。在安全生产工作上，有不同层次、不同侧面的重点，比如在目标重点上，我们要坚决实现杜绝较大以上事故、实现工矿商贸领域"零死亡"的目标。在战略重点上，我们要打好安全生产的主动仗。这方面泰安已经走在全省乃至全国前列，通过"安如泰山"科学预防体系建设，解决了"兵来将挡、水来土囤"的问题，改变了"头痛医头、脚痛医脚"的被动局面。在战术重点上，我们要坚持两手抓，一手抓源头治理，打好隐患排查治理的"歼灭战"；一手抓治本之策，打好科学预防体系建设的"攻坚战"。在监管重点上，要继续抓好煤矿、非煤矿山、危化品、道路交通、建筑施工等重点领域的安全监管。在以上各个方面、各个层面的重点中，重中之重的是落实企业的主体责任。企业是市场的主体，这就决定了企业在安全生产上就要承担主体责任。我们已经梳理明确了企业从董事长到一线职工的7大类、62项责任，企业必须全面落实到位，这就是全市安全生产工作的重中之重。

第四，要在必须上加必须。目前，各级主管部门和监管部门都按照"三个必须"（管行业必须管安全、管业务必须管安全、管生产经营必须管安全）的要求，分别明确了监管责任和监管任务。就企业来说，围绕主体责任的落实，也要做到"三个必须"：一是所有企业特别是重点行业、领域的企业，必须制订本企业开展"安全生产主体责任落实年活动"的实施方案；二是每个企业必须召开全体员工参加的安全生产动员会，让每名员工特别是关键岗位的员工进一步明确自己的安全责任，打造企业上下共同抓安全的良好氛围；三是必须根据市安委会梳理的7大类、62项责任，结合本企业实际，建立健全相应的责任体系。市安委会办公室要采取明察暗访的方式，对这"三个必须"的落实情况进行检查。

第五，要在落实上再落实。抓安全生产要做到"三分思路、七分措施""一分部署、九分落实"，必须驰而不息、毫不松懈地查找问题、解决问题，确保不出问题。目前，各级领导干部已经形成了比较好的、狠抓落实的工作作风，我们不仅重形式、更重内容，不仅重领导、更重基层，不仅重效果、更重过程。安全生产的各项举措最终还是要落实到企业。各级政府和安监部门要采取大网拉、筛子筛、笊篱笊的办法，对企业主体责任落实情况进行督促。对思想不重视、工作不认真的企业，我们要抓一批典型，从严从重处罚，确保企业主体责任全面落实年活动取得应有成效，确保通过活动使我市安全生产工作取得更好实效。

（节选自 2016 年 2 月 19 日在全市安全生产工作会议上的讲话，根据录音整理）

创新构建系统化工作格局

  系统化的工作格局是我们抓安全生产的成功经验和创新做法，也是我们做好今后工作的重要保障。具体包括十大方面：

  第一，在思想认识上，我们突出安全生产的首要位置，提出了一系列创新性的理念。我们把安全生产与经济社会发展大局深入融合，与正确的政绩观、价值观、事业观深入融合，从而形成了自己独特新颖的安全生产理念，即"科学发展是主题，安全发展是前提""转方式调结构是主线，安全生产是底线""经济指标上升是政绩，安全生产事故下降也是政绩"。对企业，我们提出"企业不仅把员工当雇员，更重要的是当成家庭成员""一个企业家可能辛辛苦苦奋斗一辈子才能干成一个企业，但是也很可能因为一个事故一夜之间就垮掉一个企业""安全生产出了事，出小事捅天、出大事塌天"，以此来警醒企业务必要重视安全生产。同时，对分管、主管安全生产的领导干部，特别是在当前党政同责、一岗双责的要求下，我们提出"抓好安全生产，就是为自己的成长铺平了道路，为个人的发展扫除了障碍"。认识到位了工作才能到位。通过上述几个方面，我们对安全生产基本有了全面到位的认识。

  第二，在把握形势上，我们准确研判形势，把握安全生产在当前形势下的规律和特点，进而掌握了主动权。经济链条有一个"微笑曲线"，我总结安全生产也有一条"山包曲线"，指的是事故发生率随着经济社会发展而呈现的变化。最初，在经济欠发达的时候，生产商贸活动比较少，安全事故相应也较少；随着经济发展，各类生产经营活动逐步增多，新的业态纷纷出现，而配套的社会治理体系还没有完全跟上建立，安全事故呈现出多发易发的态势；当经济社会发展到一定程度，经济结构越来越优化、社会治理越来越科学、全社会的思想意识也越来越现代，我们抓这项工作会越来越有效、越来越从容，安全生产事故率也会越来越降低。目前来看，我们恰逢事故多发易发的阶段，安全生产的"山包曲线"已经到了"山顶"，对此我们要有清醒的认识和充分的思想准备。因为经济进入新常态，安全生产工作也进入了新常态。安全生产的新常态有两大表现：一是事故多发易发，二是事故能防能控。事故多发易发是客观实际，认识到这一点有助于我们正确把握形势；事故能防能控需要主观努力，我们要树立坚定的信心。在不远的未来，随着经济结构的转型、全民意识的提高，特别是企业主体责任的全面落实，我们一定会实现安全生产形势的根本好转，一定能改变事故多发易发的势头。

第三，在目标任务上，我们的态度一直很坚定，要坚决杜绝较大以上事故，追求工矿商贸领域"零死亡"的目标。这个目标已经成为全市上下、社会各界的共识。这几年来，我们通过扎扎实实的工作、通过科学创新的做法，确确实实取得了鼓舞人心的成效。事实证明，泰安具备坚实的基础条件，我们这个目标是完全能够实现的，也是为了泰安人民必须要实现的。

第四，在基本遵循上，我们提出"一天天地干、一月月地看、一年年地盼"。所谓"一天天地干"，就是每天的每时、每刻、每秒都不能放松。所谓"一月月地看"，就是继续推进月督导制度，大家共同去看，看解决了哪些问题，看发现了哪些新问题，看哪些问题解决得好，看哪些地方没有出问题。看的过程就是落实的过程，就是相互比较督促的过程。所谓"一年年地盼"，就是年年盼望泰安的人民生命财产不出事，泰安的企业不出事，泰安这片地方能国泰民安。这成为我们抓安全生产工作的基本遵循。

第五，在战略战术上，我们抢抓工作主动权，努力打好安全生产的主动仗。安全生产不能满足于"兵来将挡、水来土囤"的被动局面，不能"头疼医头、脚疼医脚"，必须抢抓主动权。在具体战术上，我们把握两条主线，一是打隐患排查治理的"歼灭战"，着眼于源头治理，通过不断地发现问题、不断地解决问题，确保持续不出问题；二是打科学预防体系建设的"攻坚战"，大力加强"安如泰山"文化品牌下地方政府安全生产科学预防体系建设，解决治本之策的问题。我们既要彻底解决眼前的问题，又要积极解决长远的问题，长短结合、相互促进，确保安全生产工作扎实推进。

第六，在工作重点上，今年我们聚焦于企业主体责任的全面落实。在市场经济条件下，企业居于市场的主体地位，这就决定了企业在安全生产中的主体责任，而且这是法定的责任，不容推脱。如果企业的主体责任落实不好，党委政府的任何举措都将是"空中楼阁"。因此，今年市政府将在全市范围内集中开展"企业安全生产主体责任全面落实年"活动，昂起企业这个"龙头"，牵住企业主体责任这个"牛鼻子"，定牢责任体系这个"钢模具"，设全岗位责任这个"铁卡子"，突出抓好企业主体责任这个重中之重的重点，通过落实从企业董事长到一线员工的7大类、62项具体责任，切实打通安全生产的"最后一拃"。

第七，在工作措施上，我们首次提出了"五大手段"。抓安全生产工作，落实企业主体责任，要用好政治、行政、法律、经济和市场这"五大手段"。政治手段，就是发挥我们党的政治优势，督促引导企业负责人站在党性的高度、从与人民群众的深厚感情出发，真正重视安全生产工作，关心职工群众生命安全。行政手段，就是用足用好行政监管职能，健全监管机制，创新监管办法，提高监管效率。法律手段，就是要高扬起法律这把"尚方宝剑"，以新《安全生产法》为基本遵循，依法管理、依法监管、依法处置。经济手段，就是真正瞪起眼来，对企业不落实安全生产主体责任的行为，该罚必罚、应关必关，而且要现场处罚、从严处罚，让企业感受到落后的安全生产工作将会带来的经济压力。市场手段，就是在市场经济条件下，建立安全生产的淘汰机制，通过市场倒逼企业抓安全。

第八，在考核奖惩上，我们修改了考核办法，只要不出事故的单位就是先进，出了事故就"一票否决"。通过考核办法的调整，配合月督导、倒逼机制等一系列的创新性举措，我们进一步营造了全市上下高度重视、关心支持安全生产工作的良好氛围。

第九，在具体行动上，我们突出五个方面，实行安全生产倒逼机制。我们立足于安全生产的规律性，树立新的工作导向，着力抓了重点问题、重大隐患、薄弱环节、后进单位和死面死角等五个方面的安全生产工作，并综合采取"六查"手段，扎实搞好面上督查、行业普查、单位自查、随机抽查、隐患暗查和责任严查，倒逼各类问题得到有效解决。

第十，在工作保障上，我们大力强化了安全生产队伍的建设。我们立足于"钦差大臣""平安菩萨""忠诚卫士"三大定位，坚持了"选一个好局长、配一个强班子、建一支铁队伍"三大要素，发扬了"勇于负责、敢于负责、善于负责"三大精神，安监队伍信心足、士气高、工作实、成效好，得到了上级领导和全市上下的一致认可。同时，我们结合党内开展的"三严三实"教育活动，提出了安全生产的"三严三实"，即"严格目标、严明制度、严厉追责，感情要实、责任要实、作风要实"，从而形成了安全生产工作的长效机制。

（节选自 2016 年 2 月 26 日在市政府安全生产月督导暨"企业主体责任全面落实年"活动调度会上的讲话，根据录音整理）

构建"安如泰山"安全生产科学预防体系

泰安市位于山东省中部，辖 6 个县（市、区）、国家级的泰安高新区、泰山风景名胜区、88 个乡（镇、街道），总面积 7762 平方公里，人口 560.1 万，是国家历史文化名城、国家卫生城、中国优秀旅游城市、国家园林城市、中国人居环境奖城市。2015 年全市实现生产总值 3158.4 亿元，同比增长 8.1%；地方财政收入 205.3 亿元，同比增长 9.6%。泰安市现有煤矿 31 家，石膏矿、铁矿等非煤矿山 154 家，危险化学品生产企业 115 家、储存经营企业 928 家，建筑装饰企业 441 家，传统产业比重大，高危行业企业数量多、分布广。境内路网密集，通车总里程 13759 公里，机动车保有量 102 万辆；国有林场 13 处，泰山、徂徕山林场为山东省第一、第二大林场；作为旅游城市，人员密集场所较多，外来游客及机动车辆逐年增加。同全省、全国一样，安全生产工作面临新课题、新挑战。

近年来，在党中央、国务院和省委、省政府的坚强领导以及国家安监总局、省安监局的有力指导下，我市认真贯彻习近平总书记系列重要讲话精神，把安全生产工作作为"天字一号工程"，一手抓问题治理，一手抓治本之策，全市生产安全事故起数、死亡人数连续 14 年实现"双下降"。安全生产形势的持续稳定，主要得益于探索推行了"安如泰山"文化品牌下的地方政府安全生产科学预防体系建设。

一、提出背景

（一）十八届三中全会提出新要求

十八届三中全会指出，要深化安全生产管理体制改革，建立隐患排查治理体系和安全生产预防控制体系，遏制重特大安全事故。我们认为，安全生产预防是关键、是根本。唯有科学预防才能改变被动局面，实现"根本好转"这一目标。

（二）安全生产工作面临新挑战

在社会深刻变革和经济快速发展的时代背景下，历史集聚的隐患和发展中难以避免的风险叠加，安全生产的挑战是不容回避的客观存在。2013年全国 21 个省份相继发生了重特大事故，泰安历史上也曾出现过 2007 年"8·17"事故灾难、2011 年"11·19"重大爆燃事故。惨痛的教训和高昂的代价告诫我们，必须痛定思痛，把工作重点从事后查处转移到事前预防上来，研究建立行之有效的安全生产预防体系。

（三）经济新常态下安全生产呈现新特征

随着经济进入新常态，安全生产也进入新常态：一是事故易发多发，二是事故能防能控。事故易发多发是客观实际，事故能防能控需要主观努力。解决"兵来将挡、水来土囤"的被动局面，必须因势而谋、顺势而为，采用先进的理念和科学的方法，寻求安全生产的治本之策，建立"基于规律"和"基于风险"的科学预防体系，将工作重点从传统安全管理向现代风险管控转变。

（四）人民群众对安全生产有新期盼

当前，安全生产已经成为政府工作的难点、社会舆论的热点和群众关注的焦点，人民群众对安全生产的期待越来越高。深入研究安全生产的内在规律，建立"安如泰山"安全生产科学预防体系，有效防范各类事故发生，对维护人民群众生命财产安全、提高党委执政力和政府公信力、促进经济社会发展具有重要的现实意义。

针对上述背景，依托"泰山安则四海皆安"的历史文化底蕴，紧密结合泰安安全生产的实际，同时利用科学的 SWOT 分析方法，于 2013 年初提出并启动了基于"安如泰山"文化品牌下的地方政府安全生产科学预防体系创建工作。

二、主要内容

"安如泰山"安全生产科学预防体系，以"科学预判、分级管控"风险防控体系建设为核心，包括安全发展目标、安全生产责任、安全法制保障、安全科技支撑、安全教育培训、安全风险防控、安全监督监察、安全生产信息化、安全"三基"规范、安全文化宣传、安全生产应急救援、安全生产效能评价 12 个子体系。

在创建工作中，突出坚持了三条原则：一是创新精神。把创新贯穿整个创建过程，坚持理念创新，推进制度创新，深化体制创新，强化机制创新，研究治本之策，真正闯出"兵来将挡、水来土囤"的围局，做到"穿新鞋、走新路"。二是科学态度。在深入企业、广泛调研的基础上，对国内外的事故案例进行深入研究，采用逻辑推理、现象辨析、统计论证、实证研究等方法，科学地进行体系设计，先后征询中科院、中国地质大学、安科院专家学者的意见，保证体系建设的前瞻性、引领性、科学性。三是务实理念。本着精简、管用的原则，安排体系建设内容，在顶层设计上考虑系统性，在具体操作中保证可行性，便于基层工作推进。

目前，12 个子体系的规范已全部完成。市政府于 2015 年以"泰政发 1号"文件的形式在全市予以推行。这是泰安历史上第一次以市政府 1 号文件的名义安排部署安全生产工作。在这里，重点汇报一下两个子体系建设。一是安全风险防控体系。这是整个体系建设的核心。主要围绕"预"和"防"两个环节，建立了"科学预判、分级管控"工作机制，把安全监管的关口从隐患排查治理前移到风险管控上来，真正实现治"未病"的目标。科学预判，就是针对事故发生的规律、特点，围绕区域风险、行业风险和企业风险实施超前预判，找准风险点、薄弱环节和突出问题。分级管控，就是对预判出的各类问题，采取针对性措施，按照分级属地原则，落实责任主体和整改目标，通过跟踪督查和整改评估，及时化解风险，做到防患于未然。科学预判坚持从点到线到面，是一个自下而上的过程，分级管控则是从面到线到点，是一个自上而下的过程，通过这种循环往复的预判、管控，逐步实现本质安全。围绕保证这一机制落实，设计编制了政府、企业两个层面的风险防控规范，制订了安全监管对象风险分级办法，开发了安全生产风险预警预报系统软件，使预判、管控工作更加程序化、制度化。近年来，通过实施区域、行业、企业风险预判，先后对 3 个产煤县、4 个重点化工县、14 个"九小"场所比较集中的街道实施了区域重点管控。二是安全文化宣传体系。坚持以文化人，广泛开展安全文化"进机关、进企业、进社区、进校园、进农村、进家庭"活动。与驻地院校合作建立了应急救援训练和教育培训示范基地，市属高校及所有中小学普遍开设了安全生产课程，泰山高职学院正申请设立安全生产管理专业，正与泰山学院加紧筹建"安如泰山"安全文化研究院。积极培树安全文化示范企业、示范社区、示范校园、主题公园、体验中心、文化站等示范工程。深化"平安交通、平安农机、平安林场、平安校园"创建活动，借助广播电台、广电网络、报纸杂志、微博、微信等平台，大力塑造"安如泰山"安全文化品牌，使安全生产渗透到社会各个领域、各个层面，形成了人人关心安全生产、掌握安全知识技能、参与安全生产的社会格局。

三、主要做法

（一）统一思想认识

市委、市政府把安全生产与经济社会发展大局深入融合，与正确的世界观、价值观和政绩观深入融合，要求各级带着深厚的感情、采取科学的方法来抓，形成了独具特色的安全生产理念，即"科学发展是主题，安全发展是前提""转方式调结构是主线，安全生产是底线""经济指标上升是政绩，安全生产事故下降也是政绩"；对企业，我们提出"企业不能仅把员工当雇员，更重要的是把他们当成家庭成员""一个企业家可能辛辛苦苦奋斗一辈子才能干成一个企业，但是很可能因为一个事故一夜之间就垮掉一个企业""企业一旦出事故，小事捅天、大事塌天"；对负责安全生产工作的同志，告诫他们，"领导干部抓好安全生产，就是为自己的成长铺平道路，就是为个人的发展扫除障碍"。在对企业的态度上，市政府旗帜鲜明地提出，"在生产经营、发展环境方面，政府要提供周到服务；在安全生产方面，政府要依法行使权力"。思想认识的高度统一，为做好安全生产工作奠定了坚实的基础。

（二）研究战略战术

积极适应安全生产新常态，采取战略、战术双线并行，隐患治理、科学预防体系构建双手齐抓。在战略上，我们一再强调要打好安全生产"主动仗"，牢牢抓住工作主动权。在战术上，突出"两条主线"：一是坚决打赢隐患排查治理的"歼灭战"。深入开展安全生产大检查、"大快严"集中行动、"企业安全生产主体责任全面落实年"等活动，依托2013年以来推行的市政府安全生产月督导工作机制，每年一个大主题、每月一个小专题，对各县（市、区）、各行业领域的安全生产工作进行督导，形成了较为完善的隐患排查治理体系，确保了持续不出问题、至少不出大问题的平稳局面。二是全力打响科学预防体系建设的"攻坚战"。把今年月督导的主题明确为"安如泰山"科学预防体系建设，每月督导一个子体系。通过每月一次的督导检查、问题排查、情况反馈、整改督促，精准发力，全面推进整个体系建设，积极打造现代化的安全生产科学预防体系。

（三）突出工作重点

始终把企业主体责任落实作为重中之重。市委出台意见，在全市范围内集中开展"企业安全生产主体责任全面落实年"活动，梳理明确了从企业、企业董事长（实际控制人）、总经理到分管负责人、安全管理人员、车间主任、岗位员工的7大类、共62项责任，逐一细化落实到人。通过昂起企业"龙头"，牵住主体责任"牛鼻子"，定牢责任体系"钢模具"，设全岗位责任"铁卡子"，构建企业内部人人有责、层层负责的责任链，切实打通安全生产"最后一拃"。市政府安委会向全市2.2万余家生产经营单位发出了《致企业主要负责人的一封信》，要求每一名企业负责人都要写出承诺书，并由各县（市、区）、市政府主管部门留存备查。

（四）强化五种手段

综合运用政治、行政、法律、经济、市场五大手段，五指形成重拳，强力约束企业落实安全生产主体责任。一是政治手段。充分发挥党的思想政治工作优势，让企业法定代表人、实际控制人从思想上、感情上真正重视安全。二是行政手段。坚持问题导向，实行倒逼管理，2013年以来分五批对134家企业实行黄牌警告、半年重点管理，倒逼企业提升安全管理水平。市政府出台四项新规定：凡是发生较大事故的，责任单位"一票否决"；对造成两人死亡的事故，市政府提级调查、顶格追责；对造成一人死亡的事故，市安监局直接介入调查处理；凡是发生安全事故，在全市范围内通报批评、市级媒体公开曝光。三是法律手段。高扬起《安全生产法》等法律法规的"尚方宝剑"，依法严惩各类非法违法行为。实行现场执法、当场就罚，根除不法企业的侥幸心理。四是经济手段。加大经济处罚力度，并针对县（市、区）实行累进制的安全生产资金归集办法，让责任单位付出代价。五是市场手段。遵循市场经济规律，把安全生产作为企业优胜劣汰的重要标准，依法淘汰企业 121 家。

（五）切实强化保障

市委、市政府高度重视和关心支持全市安监队伍建设，提出了"三三制"要求，即三大定位："钦差大臣""平安菩萨""忠诚卫士"；三大要素："选一个好局长、配一个强班子、建一支铁队伍"；三大精神："勇于负责、敢于负责、善于负责"，勇于负责是不辱历史使命，敢于负责是体现担当精神，善于负责是运用科学方法。同时，坚持"一天天地干、一月月地看、一年年地盼"的工作遵循，安监系统干部职工展现出了昂扬的工作激情和良好的精神风貌。

四、初步成效

（一）在指导思想上，实现了从"被动抓"到"主动抓"的转变

各级改变了过去上级让干什么就干什么、被动应付的状态，将抓安全生产作为第一位的责任，紧密结合各自实际，主动履责、积极作为、创新实干，把安全生产建立在真抓实干的基础之上，建立在排查整改的基础之上，建立在心中有数的基础之上，抓出了信心、抓出了底气。

（二）在工作局面上，实现了从"单纯隐患排查治理"到"隐患排查治理与科学预防并重"的转变

通过一手抓问题治理，采取驰而不息排查隐患，不断发现问题、不断解决问题，从而实现持续不出问题；一手抓科学预防，着力改变过去事故发生后突击检查治理的运动式安全管理，实施超前防范，从根本上实现"本质安全"。我们将一般事故、较大事故、重大事故和特别重大事故形象地比喻为"致伤致残""家破人亡""群死群伤""惊天动地"的事故，深入细致地分析把握各行业、各领域、各企业安全生产特点和周期规律，盯紧抓牢人员密集场所、道路交通、建筑施工、煤矿和非煤矿山等领域以及光气装置、油区油罐等重点部位，坚决防范"惊天动地"的事故发生，提

出在泰安要杜绝较大以上事故、追求工矿商贸领域"零死亡"的目标。

（三）在企业主体上，实现了从"要我抓"到"我要抓"的转变

通过综合运用五大手段，企业主体责任意识有了质的转变，普遍认识到安全生产不是给政府抓的，而是给自己抓的，抓安全生产就是抓效益、抓发展，甚至是保生命、保生存，安全生产的内生动力显著增强，打通了安全生产的"最后一拃"。

（四）在社会层面上，实现了从"个体自发"到"群体自觉"的转变

近几年较为平稳的安全形势，已经潜移默化地影响了社会各个层面的思想和心态，加之"安如泰山"安全文化的宣传渗透，安全生产的群体自觉、高度自觉局面逐步形成，从党委政府到职能部门、从工青妇等群团组织到企业职工、从新闻媒体到社会各界，对安全生产工作更加关注，对平稳的安全局面倍加珍惜，形成了全民齐抓、社会共管的格局。

（五）在领导方法上，实现了党委政府从"真重视"到"会重视"的转变

这主要表现在推行的五条标准上：一是思想上有位置。各级党政主要负责人始终绷紧安全生产这根弦，切实摆在首要位置，作为"天字一号工程"来抓。二是计划上有安排。将安全生产工作列入工作计划，每年至少2次常委会、每季1次政府常务会研究安全生产，并定期组织调研、召开专题会推进安全生产工作和科学预防体系创建工作。三是工作上有行动。市级领导干部每两月一次、县级领导干部每月一次下基层、进企业，定期检查督导安全生产工作，形成了制度化、常态化。四是问题上有解决。各级党委政府及时研究解决安全监管人员、经费、装备以及规划、公共隐患治理等重大问题。五是干部上有使用。近年来先后有10多名市、县安监干部得到提拔或重用。可以说，党中央和习近平总书记提出的"党政同责、一岗双责、齐抓共管"的要求，已经在泰安形成了自觉行动。

（节选自2016年3月21日在"安如泰山"安全生产科学预防体系创建工作汇报会上的讲话，根据录音整理）

地方政府领导安全生产工作的"基本法"

安全生产，人命关天！地方政府在安全生产工作中肩负着神圣使命和历史重任。如何实现"首要位置"和"根本好转"等一系列指示和要求？如何尽快遏制重特大事故的多发高发？如何适应经济新常态的变化？如何通过科学预防实现本质安全？……这一系列重大问题，需要我们站在党的执政地位和政府执政能力的高度进行系统思维，搞好顶层设计，以确保安全生产工作进入科学发展的正确轨道。对此，泰安市人民政府进行了大胆探索和积极实践，形成了领导安全生产工作的十个基本方法：

第一，基本思想。我们之所以能够较为有效地抓好了安全生产，最根本、最有力的思想基础是各级分管、主管、具体负责的同志都是满怀着对人民群众的深厚感情来抓这项工作。这种深厚感情是基于三个方面：一是基于对党的宗旨观念和群众路线的深入践行。实现好、维护好人民群众的利益是我们党的根本宗旨，生命安全是人民群众根本利益中的核心利益，抓好安全生产就是体现党的宗旨观念和践行党的群众路线的最实际行动。二是基于领导干部的职责操守。判断一名领导干部是不是合格、具不具备应有的操守和能力，在某种程度上讲，就看他重视不重视安全生产、会不会抓安全生产。抓安全生产既是领导干部的职责所在，也是一个人道德良心的体现。三是基于对生命权这一人的基本权利的尊重。人的生命是无价的财富，是第一位的资源，是每一个人追求幸福、奉献社会的基础。抓好安全生产，是对人的最基本权利的尊重和保障。这是现代文明的共同的社会价值观，也是共产党人宗旨观念的应有之义。

第二，基本理念。我们突出安全生产的首要位置，把安全生产与经济社会发展大局深入融合，把安全理念与正确的世界观、价值观和政绩观深入融合，提出并深入实践了一系列创新性的理念。在定位上，我们提出"科学发展是主题，安全发展是前提""转方式调结构是主线，安全生产是底线""经济指标上升是政绩，安全生产事故下降也是政绩"。对企业，我们提出"企业不能仅仅把员工当雇员，更重要的是把他们当成家庭成员""一个企业家可能辛辛苦苦奋斗一辈子才能干成一个企业，但是也很可能因为一个事故一夜之间就垮掉一个企业""安全生产出了事，小事捅天、大事塌天"。通俗易懂的白话表述更有效地警醒了企业，务必要重视安全生产。对分管、主管安全生产的领导干部，特别是在当前"党政同责、一岗双责"的要求下，我们告诫干部，"抓好安全生产，就是为领导干部自己的成长铺平了道路，为个人的发展扫除了障碍"。就政府、企业在安全生产方面的关系问题，我们态度鲜明地提出，"在生产经营方面，政府要为企业提供周到服务；在安全生产方面，政府要坚决依法行使权力"，彻底卸掉安监队伍在执法中可能产生的思想包袱和顾虑。通过这些理念认识的灌输，从部门到企业乃至到全社会，对安全生产基本都树立了正确的态度。

第三，基本判断。我们认为，就像经济发展有一条"微笑曲线"一样，安全生产也有一条"山包曲线"，指的是事故发生率随着经济社会发展而呈现的变化。在经济欠发达的时候，生产商贸活动比较少，安全事故相应也较少；随着经济发展，各类生产经营活动逐步增多，新的业态纷纷出现，而配套的社会治理体系还没有完全跟上建立，安全事故呈现出多发易发的态势；当经济社会发展到一定程度，经济结构越来越优化、社会治理越来越科学、全社会的思想意识越来越现代，安全生产事故率也会越来越降低。目前，随着经济进入新常态，安全生产也进入新常态。经济新常态的两大主要标志是中高速增长、中高端发展，安全生产新常态也有两大主要标志，一是事故多发易发，二是事故能防能控。事故多发易发，预示着安全生产的"山包曲线"已经在"山顶"附近，事故发生率达到顶峰；事故能防能控，预示着事故发生率将会逐步降低，而且通过我们的主观努力，完全可以加速这一过程。因此，当前我们的主要任务，就是顺应规律，找准发力点，充分发挥主观能动性，努力加快曲线下降的速率。我们在总结工作经验和外地各类事故教训，广泛征询从主管部门、企业负责人到一线职工意见的基础上，借鉴管理学有关原理，通过对安全生产新常态的实证研究和动力学建模的科学分析，从领导力的角度探寻加快安全生产事故下降的机制，初步提出了安全生产的"五力模型"，梳理了影响安全生产管理成效的二十五个二级要素，从而在理论和实践的结合上进一步掌握了工作主动权。

第四，基本目标。安全生产的基本目标是保护人的生命安全，最终要实现全社会本质安全，做到"零死亡"。这几年来，泰安的安全生产形势较为平稳，杜绝了较大及以上事故，实现工矿商贸领域"零死亡"已经是一个很现实的目标，而且这个目标已经成为泰安全市各界的共同认识和追求。以这个目标为引领，全市上下对安全生产空前重视、对平稳的安全形势空前珍惜、整改各类事故隐患的决心空前坚定、搞好安全生产的社会氛围空前浓厚。

第五，基本遵循。我们坚持了"一天天地干、一月月地看、一年年地盼"的工作遵循。所谓"一天天地干"，就是每天的每时、每刻、每分、每秒都不能放松，这是基础中的基础、关键中的关键。这一做法体现工作的"狠劲"。所谓"一月月地看"，指的是我们按照问题导向，实行了月督导制度。每月一次，提前有检查组和专家组进行督查检查和暗访暗查，然后由分管副市长带队，各县（市、区）、有关部门负责人共同去看，看解决了哪些问题，看发现了哪些新问题，看哪些问题解决得好，看哪些地方没有出问题。看的过程就是落实的过程，就是区域之间、行业之间相互比较、对号入座的过程。这一做法体现的是工作的"拼劲"。所谓"一年年地盼"，就是上一年的成绩归为零，新的一年重新干。通过我们驰而不息地工作，年年盼望泰安人民的生命财产不出事，泰安的企业不出事，泰安这片土地能国泰民安。这是以扎实工作为基础的一种良好愿望。这一做法体现的是工作的"韧劲"。抓安全生产工作十分辛苦、十分枯燥，唯有对未来愿景充满乐观期望，才能有效克服辛苦、枯燥的工作可能引发的疲惫心理和懈怠情绪。自2013年以来，我们依托月督导机制，以年为周期、以月为单元，每年一个大主题，每月一个小专题，督导重点都不同。2013年，我们以块为主，重点督导了各县（市、区）面上问题的解决；2014年，我们条块结合，单月督导县（市、区）、双月督导行业领域；2015年，我们以条带块，通过督导行业问题的解决，"一竿子插到底"，带动县（市、区）工作水平的整体提升；2016 年，我们突出"安如泰山"科学预防体系建设这个大主题，每月督导一个子体系建设。之所以这样做，除了要适应形势变化和工作需要之外，很重要的原因是，通过这种主动调整，使安监战线的同志们保持了对工作的热情和新鲜感，没有被烦琐劳累的工作磨损了热情、麻木了"紧弦"。

第六，基本战略。安全生产不能满足于"兵来将挡、水来土囤"的被动局面，不能局限于"头疼医头、脚疼医脚"的亡羊补牢式做法，必须抢抓主动权，才能真正抓出底气、抓出信心。因此，我们按照毛泽东同志的军事思想原则，研究了安全生产工作的战略战术。在战略上，我们着重强调了要牢牢把握工作主动权。在战术上，我们把握了两条主线，一是打隐患排查治理的"歼灭战"，着眼于源头治理，通过不断地发现问题、不断地解决问题，确保持续不出问题，至少不出大问题；二是打科学预防体系建设的"攻坚战"，大力推行"安如泰山"文化品牌下地方政府安全生产科学预防体系建设，解决安全生产治本之策的问题。我们把彻底解决眼前的问题和积极解决长远的问题相结合、相促进，做到了两手抓、两手都很硬。

第七，基本手段。企业在市场经济中的主体地位，决定了企业在安全生产中的主体责任，而且这是法定的责任。如果企业的主体责任落实不好，党委政府的任何举措都将是"空中楼阁"，"上热下冷"的问题将永远得不到解决。为此，市委市政府统一部署，我们在全市范围内集中开展了"企业安全生产主体责任全面落实年"活动，要求昂起企业这个"龙头"，牵住企业主体责任这个"牛鼻子"，定牢责任体系这个"钢模具"，设全岗位责任这个"铁卡子"，突出抓好企业主体责任这个重中之重的重点。通过落实从企业董事长（实际控制人）到一线员工的七大类、六十二项具体责任，切实打通安全生产的"最后一拃"。为确保主体责任有效落实，我们综合运用了"五大手段"：一是政治手段，就是发挥我们党的政治优势，督促引导企业负责人站在党性的高度、从与人民群众的深厚感情出发，从内心深处真正重视安全生产工作，关心职工群众生命安全。在市政府市长与危化品企业主要负责人谈心对话活动之后，分管副市长对 115 家企业负责人写出的

30多万字的承诺书进行了逐一审阅，并逐个写出批示意见，收到了很好的激励效果。二是行政手段，就是用足用好行政监管职能，健全监管机制，创新监管办法，提高监管效率。三是法律手段，就是高扬起法律这把"尚方宝剑"，全面贯彻落实新《安全生产法》，做到依法管理、依法监管、依法处置。四是经济手段，就是真正瞪起眼来，对企业不落实安全生产主体责任的行为，该罚必罚、应关必关，而且推行现场处罚、从严处罚，让企业感受到落后的安全生产工作将会带来的经济压力。同时，针对县（市、区）实行累进制的安全资金归集办法，让责任单位付出代价。五是市场手段，就是在市场经济条件下，建立安全生产的淘汰机制，通过市场倒逼企业抓安全。

第八，基本要求。2015年，全党开展了"三严三实"专题教育。按照"三严三实"要求，结合安全生产工作规律，我们提出了安全生产的"三严三实"。"三严"，即"严格目标、严明制度、严厉追责"：一是严格目标。就是要杜绝较大以上事故，追求工矿商贸领域"零死亡"。二是严明制度。严格执行安全生产目标管理责任制、领导干部定期下基层检查、"四不两直"安全检查、重大隐患挂牌督办等工作制度。三是严厉追责。我们以市政府文件的形式明确了四项新要求：如果出现较大事故，对责任单位和责任人实行"一票否决"；对造成两人死亡的事故，市政府提级调查、顶格追责；对造成一人死亡的事故，由市安监局直接介入调查处理；凡出现安全事故，在全市范围内通报批评，并在市级媒体进行警示性报道。"三实"，即"感情要实、责任要实、作风要实"。一是感情要实。进一步要求各级领导干部和安监工作者，带着深厚的感情来抓安全生产，满怀着对老百姓生命安全高度负责的精神来抓安全生产。二是责任要实。深入贯彻新《安全生产法》中关于明责、履责和追责的要求，进一步健全完善安全生产责任体系，切实明确和落实政府的属地责任、部门的监管责任、企业的主体责任、职工的岗位责任，使每一名责任人都能知其职、明其责、尽其力。特别是突出强化企业的主体责任，全力把"五落实五到位"的要求贯彻到每一个企业。三是作风要实。我们坚持问题导向，提出向"骄傲自满的情绪、麻痹大意的做法、浮皮潦草的作风、得过且过的心态"这四类现象宣战，坚持高标准、严要求，从作为一名党员的党性觉悟和作为一个人的道德良心出发，不断强化责任意识和担当精神，对安全生产工作不以"防不胜防"为借口，但以"问心无愧"为理念。

第九，基本标准。抓好安全生产工作，党政同责是体制，领导重视是关键。在各级党政领导都十分重视安全生产工作的情况下，实现由"真重视"向"会重视"的转变，就显得尤为重要。为此，我们实行了五条标准：一是思想上有位置。充分认识安全生产工作的极端重要性，思想上时刻绷紧安全这根"弦"，切实将其作为"天字一号工程"来抓。二是计划上有安排。从社会治理的高度，把安全生产纳入本地经济社会发展大局，在编制总体发展规划和年度工作计划的同时安排部署安全生产工作。三是工作上有行动。党委常委会、政府常务会定期听取安全生产情况汇报，研究具体推进措施，体现"党政同责、一岗双责"要求。各级领导干部定期到企业、矿井、生产一线检查指导，督促落实安全生产责任。四是问题上有解决，各级党委政府要认真研究解决体制机制、人员编制、安全投入等重大事项和实际问题，强化必要的保障手段。五是干部上有使用。关心安监干部的成长进步，落实"从优待安"措施，增强他们的事业心和荣誉感。

第十，基本保障。抓好安全生产工作，建设一支高素质的安监干部队伍是其基本保障、基础力量。为此，我们大力强化了安全生产干部队伍的建设，提出了"三三制"的要求，既明确三大定位："钦差大臣""平安菩萨""忠诚卫士"；健全三大要素："选一个好局长、配一个强班子、建一支铁队伍"；弘扬三大精神："勇于负责、敢于负责、善于负责"。现在，我市安监干部队伍信心足、士气高、工作实、成效好，得到了上级领导和全市上下的一致认可。这几年来，我市安监系统干部得到提拔、重用的力度在历史上是前所未有的，为全市安全生产工作实现综合治理、长治久"安"提供了坚实的组织保障。

（节选自 2016 年 4 月 5 日泰安市人民政府向国家安监总局的书面汇报）

形成安全生产工作的闭环管理

安全生产我们不怕有问题，怕的是有问题发现不了。市政府一直坚持安全生产就是要突出问题导向，就像查体一样，你光说能吃能喝不行，得看看心脑血管有没有问题、五脏六腑有没有毛病，有"病"咱就治。月督导制度已经实行了四年，大家都已经普遍接受。就会议上通报的问题，谁是责任主体谁就在下次月督导会上汇报问题整改情况，采取了哪些整改措施，问题整改到什么程度，这样形成闭环管理。我们不能一查了之，关键要一改到底，实现治"病"防灾的目的。

一、进一步把工作共识转化为工作合力

从总体上讲，泰安的安全生产形势在全省乃至全国是最好的。这是国家安监总局领导的评价。这得益于方方面面的共同努力，其中很重要的一点是全市上下对安全生产工作的重视已经形成了共识。现在，领导干部特别是主要领导同志没有不重视安全生产的，没有不想把安全生产抓好确保不出事的。应该说，这种高度重视安全生产的共识在泰安已经形成。

在这里，我想提出的是，如何把这种共识转化成推进工作的强大合力。只有进一步形成合力，上下左右、纵横条块、内外表里，方方面面的力量才能真正集聚起来，我们才能更深层次地解决问题，才能真正掌握工作的主动权。三个方面：一是点线面结合，二是党政群共管，三是县乡村共建。这就是形成合力的一个很好的做法，对安全生产的共识绝对不能仅仅说在嘴上、挂在墙上、写在本上，必须落实到行动上，得靠各级、各方面、全社会的合力来抓，我们要在共识转合力上再下些功夫、作些文章。

二、进一步理顺安全生产的内部关系

最近省里就安全生产工作发了很多文件，我们既要坚定不移地抓好落实，又必须保持定力，把省里的要求和泰安的实际紧密结合起来，体现泰安的主观能动性。

市政府抓安全生产的战略、战术很明确，在战略上我们要打主动仗，牢牢掌握主动权，不能像一些地方那样"兵来将挡、水来土囤""头疼医头、脚疼医脚"，老是处于被动应付甚至是没法应付的局面。我们要以站在泰山之巅、俯瞰泰安 7762 平方公里土地的视角，看各行业各领域到底存在哪些问题，有什么问题就解决什么问题，同时研究如何不出问题、体现打主动仗的战略思想。在战术上，一是打好隐患排查治理的"歼灭战"，二是打好"安如泰山"科学预防体系建设的攻坚战。省政府开展的"大快严"集中行动将延长到明年四月份，落实这个行动完全能够结合到隐患排查治理之中，我们要借好这个"东风"，把"歼灭战"和"攻坚战"打得更好。大家尤其要注意的是，隐患排查治理"歼灭战"和科学预防体系建设"攻坚战"是相互联系、相辅相成的有机整体，不能割裂开来，更不能对立起来。隐患排查治理解决的是当前不出事的问题，科学预防体系解决的是长远本质安全的问题，这两场战役完全符合市政府既立足当下、又谋划长远的思想，完全符合安全生产打"主动仗"的战略要求，也完全符合中国安全生产的发展趋势和规律。

随着经济的发展，中国社会肯定要走向一个新的文明，一个安全生产人人有责、人人自安的局面。这种局面的到来是趋势，带有必然性，但是路径可能有远有近、时间可能有长有短，存在偶然性。认识到趋势的必然性有利于我们坚定抓好这项工作的信心，认识到存在的偶然性我们就得努力抢抓工作主动权，积极探索一些规律性、科学性的办法。我们现在不去研究科学预防的问题，指望物资丰富到一定程度本质安全的局面会自然到来，那是不可能的，我们的工作也将是被动的、不负责任的。

因为我们就在泰山脚下，所以研究提出了"安如泰山"这个品牌，目的是让"安如泰山"的文化认同更好地植入 560 万泰安人民的心里。我们通过干好自己的工作、解决好自己的问题，就能为全省、为全国平安社会的建设做出贡献。各级各部门各单位特别是分管安全生产工作的同志，必须处理好这种关系，不能"胡子眉毛一把抓"顾此失彼，不能这个抓一阵、那个抓一阵，工作要有系统性。十八届三中全会的决定中提出安全生产工作就是两条，一个是隐患排查治理体系，一个是安全预防控制体系，既然我们已经探索出了一套比较好的解决问题的办法，就要坚定不移、扎扎实实地推进下去。

三、进一步开展好企业主体责任全面落实年活动

这一点和刚才讲的内部关系问题是一致的。安全生产的出发点和落脚点在一个个具体的社会单元，首要的是企业，也包括学校、机关、社区。今年党内开展的"两学一做"学习教育，从党的建设上就是要进一步突出基层基础，安全生产也是如此。不论领导怎么重视，如果基层不落实特别是企业的主体责任不落实，任何工作都是白费。

我们不能只让自己"坐不住"，各级各企业都得"坐不住"，只有他们坐不住了我们才能坐得住。市政府下大力气推行企业主体责任全面落实年活动，梳理了从企业董事长到一线员工的 7 大类、62 项安全生产责任。各企业要结合自身实际进行细化、具体。市政府安委会已经组织了一次活动开展情况的全面督查、检查。对活动后进单位、主体责任不落实的企业，和企业董事长谈一谈。发现有不把安全生产当回事，或者说得挺好就是不落实甚至是阳奉阴违的企业，市政府将严肃处理，毫不客气。

在安全生产上，我们要以"企业主体责任全面落实年"活动为"牛鼻子"和总抓手，坚决把企业的主体责任落实到位，切实解决安全生产最后一拃的问题。对企业在抓好典型的同时更抓差典型，对抓不好安全生产的企业，政府绝对不会客气。因为，这是一份沉甸甸的责任！

四、进一步强化基层基础，加强三基规范子体系建设

"安如泰山"科学预防体系包括十二大子体系。今年市政府安全生产月督导每个月的主题是其中一个子体系建设，总的主题就是打好体系建设的

攻坚战。有些问题我们提前看不到不行，看到了没有办法解决不行，有了好的办法不推广也不行。今天督导的三基规范子体系，就是解决基层基础问题。在座的岱岳区各个乡镇的负责同志，可以说是最基层了。希望大家都能像区里一样做到脑中有弦、心中有数、手中有法，实现面上有效，这样才是一个素质全面的合格领导者。安全生产不出事可能不会增光多少，但是一旦出事所造成的影响将是不可估量的。我想这个观点对在座各位都是适用的，希望大家一定要牢记。

临近"五一"，节日期间的安全生产任务更加繁重，希望大家继续努力，把安全生产工作抓得更好，为全市经济社会发展提供更加平稳的安全保障！

（节选自2016年4月27日在市政府安全生产月督导安全三基规范子体系工作会议上的讲话，根据录音整理）

把这副重担稳稳扛在肩上

抓好安全生产，是社会文明进步的标志，是我们党执政为民的具体体现。与大家共享几点体会：

第一，因为心地善良，所以我们和安全生产结缘。 2007年8月17日，新矿集团华源煤矿发生溃水灾害事故，全市上下乃至全省下上为了抢救被困矿工兄弟，可以说不计代价、全力支援，但是仍有一百多条生命永远消逝了……当时我在泰安高新区工作，事后更加深入地思考一个问题：我作为主要领导，在高新区这一百一十八平方公里的土地上，如何才能更好地保证区内二十多万人民群众和企业职工的安全？基于这种思考，我提出了建设横到边纵到底、全覆盖式的安全生产管理体系的设想。这个想法得到了省、市安监部门的大力支持。利用三个月的时间，我们共同研究制定了区域性安全生产规范标准体系，其中十三项地方标准得到省政府颁布确认。由此可以体现出，我们在座分管安全生产的同志也好、直接从事这项工作的同志也好，包括关心这项事业的同志，都是心地善良之人。因为心地善良，所以我们和安全生产结下了不解之缘。

第二，因为使命担当，所以我们肩负起了分管安全生产的重担。 过去，可能很多人不愿意抓安全生产。2013年元旦之后，市政府主要领导找我谈话，要把安全生产交给我来分管。我当即表态：没有问题，既然让我分管，我就会切实抓好。从那之后一直到今天，在这将近四年的时间里，全市上下分管和负责安全生产的同志们都坚定不移地肩负起了这项重任。对安全生产，我们有一套系统的理念：在思想层面，我们充分认识到，"科学发展是主题，安全发展是前提""转方式调结构是主线，安全生产是底线"；在企业层面，我们引导企业负责人深刻理解到"可能一辈子辛辛苦苦才能干成一个企业，因为安全生产方面一时疏忽，可能一夜之间就毁掉一个企业""企业安全生产出了问题，小事捅天、大事塌天"；在领导干部层面，大家切实感受到"抓好了安全生产，就等于为自己的成长铺平了道路、为个人的发展扫清了障碍"。基于这些理念认识，全市上下对安全生产前所未有地重视，确保了安全生产形势的持续平稳。泰安能取得这样的工作成效，要归功于每一位分管和具体从事安全生产工作的同志，因为我们认清了使命、勇敢地担当，义无反顾地肩负起了安全生产这副重担。

第三，因为遵循规律，所以我们初步开创了安全生产工作的新局面。可以说，至少从 2013 年以来，在党委政府安全生产履职尽责方面，在对人民群众生命财产的保护方面，我们问心无愧。回顾几年来的工作，我们深入研究并切实遵循了当前生产力条件下安全生产的规律。在现实条件下，必须通过不断地发现问题、不断地解决问题，才能确保持续不出问题，至少不出大问题，因此我们驰而不息地抓了隐患排查整改，把问题化解在萌芽状态；在未来趋势上，必须坚持预防为主，因此我们研究建设了"安如泰山"科学预防体系，这在全国都是首创性的做法。因为遵循了规律、把握了特点，我们才掌握了工作主动权，实现了从不敢抓、不愿抓、不会抓到敢于抓、善于抓、抓得好的巨大转变。

第四，因为党性良心，所以我们将"忠诚卫士"的形象展现。几年来，我们持续加强安监队伍建设，抓住了"选一个好局长、配一个强班子、建一支铁队伍"三大要素，明确了安监工作者"钦差大臣""平安菩萨""忠诚卫士"三大定位，同时，我们提出并大力发扬了"勇于负责、敢于负责、善于负责"三大精神，其中"勇于负责"体现的是使命，"敢于负责"体现的是担当，"善于负责"体现的是科学方法。有这三个"三"，泰安的安监队伍成为市委市政府领导下的一支钢铁队伍，每一名安监工作者都是党性坚强的忠诚卫士。我们体现的是党委政府的力量，展现的是对人民群众高度负责的精神。

只要全市各级继续把安全生产这根弦紧紧绷在心上、把安全生产这副重担稳稳担在肩上、把安全生产各项工作牢牢抓在手上，7762 平方公里的泰安大地一定会更加国泰民安！

（节选自 2016 年 6 月 24 日在"安全发展忠诚卫士"演讲比赛决赛上的讲话，根据录音整理）

科学预防篇

最后一道防线

　　几年来，在全市各级各部门、各单位、各企业的共同努力下，全社会高度关注安全生产工作，我市成功保持了持续平稳的安全生产局面。但是，我们不能，也没有掉以轻心。恰恰相反，我们越管、越抓这项工作，就越感到不能放心、不敢放心，因为安全生产事故的偶然性太大了。所以，市政府一直把应急救援作为抓好安全生产的最后一道防线。退一万步讲，只要我们有了足够有力的应急救援力量、足够完善的应急救援措施、足够科学的应急救援办法，即使偶然发生了个别事故，所造成的影响和损失也可以降到最低。从这个角度讲，各级各部门、各行业领域要更加重视应急救援工作，不断强化各自的应急救援力量。

　　要进一步整合资源，系统强化全市应急救援体系。这方面市委市政府已经做出了安排，在市政府的统一领导和部署下，以消防队伍为骨干，建好、建强各个行业领域的专业救援力量，做到全市统一规划、各行业领域统一配备，动员政府、企业和全社会的力量，进一步把全市应急救援力量、救援体系强化起来，切实保泰安一方平安。"养兵千日，用兵一时"，真到了关键时刻，我们这支应急救援队伍必须招之即来，来之能战，战之能胜。

　　（节选自 2016 年 6 月 24 日在全市危化品行业安全生产事故应急演练活动上的讲话，根据录音整理）

做一名优秀的安监人

从 2014 年党的群众路线教育实践活动，到 2015 年的"三严三实"专题教育，到 2016 年的"两学一做"学习教育，是一环扣一环、一步进一步的系列举措，体现了党中央加强党的建设、全面从严治党的坚定决心。今年的"两学一做"学习教育，是从上到下、从领导干部到一般党员的全覆盖教育活动，更加突出体现了基层党组织，体现了中央对党的执政基层、执政基础的高度重视。作为安监系统的党员干部，直接与企业打交道，关系着一线职工群众的生命安全，更要对照共产党员的标准，认真参加学习教育，进一步强化自身建设，在做一名合格党员的前提下，争当一名优秀的安监人。

优秀安监人的标准是什么？我认为必须有以下几点：

第一，坚定的政治信念。所谓坚定的政治信念，主要体现在五个维度：一是体现在"古"与"今"。"古"到修身、齐家、治国、平天下，这是中国人传统的政治理想、入世信念；"今"到全面建成小康社会、全面深化改革、全面依法治国、全面加强党的建设"四个全面"的战略部署，这是我们传承优良传统、立足当前实际、着眼未来发展的宏伟愿景。"古"与"今"构成了共产党人政治信念的第一个维度。二是体现在"远"与"近"。"远"到实现共产主义的远大理想，"近"到我们手上每一天、每一项的具体工作。把远大的理想承载到干好本职工作中，本身就是政治信念的具体体现。三是体现在"大"与"小"。"大"到中国梦的实现，"小"到每个工作目标的完成。伟大中国梦的实现不会一蹴而就，要靠每一名党员、每一位同志的每一项看似微小的工作来一点点铺垫、积累、构筑。四是体现在"多"与"少"。"多"到 24 个字的社会主义核心价值观，"少"

到习近平总书记提出的忠诚、干净、担当的领导干部新要求。"多"与"少"一脉相承、一以贯之。五是体现在"上"与"下"。"上"到忠诚于以习近平同志为核心的党中央,"下"到忠诚于人民群众,都是坚定政治信念的体现。从以上五个维度,我们可以进一步认识到何谓坚定的政治信念,也就可以有的放矢地予以强化。

第二,神圣的使命担当。前几天市政府安委会组织开展了"安全发展忠诚卫士"的演讲比赛,我出席决赛活动时做了一次即兴演讲,核心内容是四句话:因为心地善良,所以我们和安全生产结缘;因为使命担当,所以我们肩负起安全生产的重担;因为遵循规律,所以我们初步开创了安全生产新局面;因为党性良心,所以我们将忠诚卫士的形象展现。要做一名优秀的安监人,必须要有神圣的使命感和担当精神。在有些地方、有的人不愿抓、不会抓、不敢抓安全生产的情况下,我们泰安的安监人在市委市政府的领导下,靠自己的力量和集体的智慧,一举改变了被动局面,体现了我们这支队伍高度的神圣使命感和担当精神,必须继续发扬下去。

第三,科学的负责精神。在安监队伍的建设问题上,我们提出并坚持了"钦差大臣""平安菩萨""忠诚卫士"三大定位,把握住了"选一个好局长,配一个强班子,建一支铁队伍"三大要素,弘扬了"勇于负责、敢于负责、善于负责"三大精神,其中善于负责的精神就是一种科学负责的精神。这几年来,我们坚持理论创新和实践探索双线并行,基于工作实践和理论思考,不仅通过隐患排查治理解决了"兵来将挡、水来土囤"的问题,而且顺应安全生产发展的规律和趋势,初步解决了科学预防的问题,依靠的就是科学的负责精神。

第四,严格的法治观念。全面依法治国是实现四个全面战略布局的保障。下一步,依法治理的精神要体现在经济社会的方方面面,尤其体现在安全生产方面,因为安全生产保护的是人民群众的生命安全,最能体现党的宗旨观念、执政追求和发展目标。新的《安全生产法》为我们提供了法治的尚方宝剑,我们必须要用,而且要用好。用好法律武器、强化执法检查,是我们下一步必须要强化的重点。

第五,务实的工作作风。在每一次市政府安全生产月督导工作会议上,都历数检查中发现的各种问题，这是工作使然，更是责任必然。安全生产就是得找问题，而且要扎扎实实地找问题，因为这是人命关天的大事。所以，求真务实的精神、精益求精的作风，应该是我们安监队伍抓好工作的"除锈剂"。无论是具体指导也好、明察暗访也好，都要体现这种务实的工作作风。

第六，内化的自律意识。所谓"内化于心，外化于行"。只有"内化于心"才能形成自觉行动，真正做到廉洁自律，体现在具体行动上才能有章可循、有本可依。尤其在全面从严治党的大背景下，党章党规更加完善，各类纪律处分条例密集出台，每一名党员、每一个干部、每一个班子都必须从严自我要求，经得起利益诱惑和人性考验，切实体现习近平总书记所说的"忠诚、干净、担当"六字要求。

（节选自 2016 年 6 月 30 日在全市安监系统党员干部上党课上的讲话，根据录音整理）

科学预防篇

寻求治本之策

泰安市高度重视安全生产工作特别是重特大事故防范工作，始终坚持理念创新和实践探索双线并行，隐患排查治理和科学预防体系两手齐抓，连续多年未发生较大以上事故。主要做了以下工作：

一、提高思想认识，把遏制重特大事故作为重中之重

我们把做好安全生产工作作为践行党的宗旨观念和群众路线的重要内容，作为树立党政形象、提升执政能力的重要举措，作为维护人民群众根本利益、密切党群干群关系的重要保障，摆到了首要位置，把遏制重特大事故列为重中之重。重特大事故损失危害大、社会影响大，我们始终作为工作底线、考核红线，定期研究，经常调度，解决监管力量、经费、装备、规划、公共隐患治理等重大问题不打折扣，进一步完善了安全生产责任体系，提升了全社会的关注程度、珍惜意识、参与劲头，逐步形成了全市齐抓、全民共管的工作格局。

二、把握规律特点，牢牢抓住遏制重特大事故的主动权

通过深入分析安全生产的规律特点，我们认为生产安全事故是能防能控的，必须由"兵来将挡、水来土囤"向"主动出击、提前预控"转变，由单纯的隐患排查治理向隐患排查治理与科学预防并重转变。既要通过不断地发现问题、解决问题，确保持续不出大的问题；也要重心下移、关口前移，寻求安全生产的治本之策，最终实现整体工作的螺旋式上升。基于此，我市确定的战略战术十分明确：在战略上，打安全生产的"主动仗"，抢抓工作的主动权。在战术上，突出两条主线：一是全力打响科学预防体

系建设的"攻坚战"，把风险管控挺在隐患治理前面；二是坚决打赢隐患排查治理的"歼灭战"，把隐患治理挺在事故前面。

在风险管控方面，着力改变"迫于事故"的传统工作模式，2013年启动了安全生产科学预防体系建设的探索，细化分解构建了安全责任体系、安全风险防控体系等12个子体系。在体系创建中，把安全风险科学预判分级管控作为科学预防体系的核心和预防重特大事故的关键，实行县（市、区）每半年一次、行业领域每季度一次、企业每月一次的风险预判机制，并配套制定了政府与企业两个层面的风险防控规范，开发了安全风险预警预报系统软件。同时，大力推进矿山、危险化学品等10支专业救援队伍建设，切实提高重特大事故防范和应急处置能力，有效解决了"想不到""管不到""治不到"的问题。目前，已排查出各类风险点4061项，其中1级78个，2级538个，分别纳入市、县重点监管范围。

在隐患排查治理方面，我市追求的是杜绝较大以上事故、实现工矿商贸领域"零死亡"。针对可能发生一般、较大、重大和特别重大事故的企业和场所，分类分层分级进行隐患排查，盯紧煤矿和非煤矿山、人员密集场所、道路交通、建筑施工等12个重点领域以及光气装置、油区油罐等重点部位，确定了煤矿重大灾害隐患排查治理工程、石膏矿采空区治理工程等10个保护生命重点工程，驰而不息地开展隐患"大排查、快整治、严执法"集中行动，建立了较为完善的隐患排查治理体系。

三、突出企业主体，推动遏制重特大事故责任落地生根

市委部署在全市集中开展"企业主体责任全面落实年"活动，梳理明确了从企业董事长（实际控制人）到岗位员工的7大类62项责任，逐一细化落实到人头。市政府安委会向全市2.2万余家生产经营单位发出了《致企业主要负责人的一封信》，要求每一名企业负责人都要写出承诺书，建立安全生产工作档案，并详细记录安全生产履职情况。每个县（市、区）每月对3名企业主要负责人进行电视访谈，市政府每月开展一次月督导、每季进行一次抽查和排名通报，对排名靠后的县（市、区）和企业主要负责人进行约谈。通过抓住企业这个关键、牵住主体责任这个"牛鼻子"、钉牢责任体系这个"钢

模具"、设全岗位责任这个"铁卡子",拧紧安全生产"责任链",打通安全生产"最后一拃",实现了企业安全生产从"要我抓"到"我要抓"的转变。

四、加大执法力度，始终保持遏制重特大事故高压态势

市政府对待企业的态度很明确，始终坚持在生产经营方面提供周到服务，在安全生产方面坚决依法严格监管。工作中，以遏制重特大事故为重点，采取专项执法、联合执法、暗查暗访和社会监督、媒体监督等方式，加大执法检查力度，彻底打消企业非法违法的侥幸心理。综合运用安全节能环保政策，强化执法跟进，深入推进化工、非煤矿山转型升级，依法关闭了 4 家存在安全生产、节能、环保问题的化工企业。强化媒体监督，对隐患问题较多的 26 家企业，在新闻媒体上曝光，依法实施处罚，并列为重点管理对象。组成联合执法组对 40 家企业实施了联合执法，依法督促整改隐患 304 条，立案处罚 3 起，责令停产整顿 2 家。今年以来，全市共执法检查生产经营单位 1.3 万余家次，立案 445 起，罚款 330 万元，在全市保持了严肃执法、严厉处罚、铁腕整治的高压严管态势。

五、强化五大手段，形成全面遏制重特大事故的强大合力

综合运用政治、行政、法律、经济、市场等五大手段，五指形成重拳，督促企业落实主体责任。一是政治手段。充分发挥党的思想政治工作优势，使企业法定代表人、实际控制人真正重视安全。二是行政手段。2013 年以来分五批对 134 家后进企业实行政府挂牌监管，倒逼提升安全管理水平。三是法律手段。制定出台《安全生产行政责任制规定》、黑名单管理、约谈、举报奖励、重大隐患督办等法规性文件，强化依法治安。四是经济手段。加大经济处罚力度，并针对县（市、区）实行累进制的资金归集办法，让出问题的责任单位付出代价。五是市场手段。遵循市场经济规律，把安全生产作为企业优胜劣汰的重要标准，依法关闭企业 125 家。

（节选自 2016 年 7 月 7 日在全国遏制重特大事故电视会议上的发言，根据录音整理）

安全生产的领导方法论

为深入贯彻落实好国务院和省政府安全生产工作电视会议精神，特别是落实好习近平总书记的重要讲话和李克强总理的重要批示指示，结合泰安实际，提以下三个方面的要求。

一、坚定不移、坚持不懈地抓好下半年的安全生产工作

坚定不移，表明的是我们的决心和信心；坚持不懈，表明的是我们的方式和方法。今年以来，在市委市政府的坚强领导下，我市保持了平稳的安全生产工作态势。上半年，全市共发生安全生产事故 47 起，大多数是发生在道路交通领域；死亡 30 人，其中工商贸领域发生一起死亡 1 人事故，是全省 5 个没有发生较大以上事故的市之一。总的来说形势不错，但是从全国形势看，安全生产风险和隐患依然很多，形势仍然十分严峻。虽然我们化解整治了很多风险和隐患，但是在动态管理的情况下，安全生产风险和隐患还是层出不穷，各级各部门决不能掉以轻心。为此，针对下半年的工作，市政府重申几点要求：第一，任务目标不变。我们的目标仍然是坚决杜绝较大以上事故，追求工矿商贸领域"零死亡"。各县（市、区）政府、各行业主管部门，要把对这一目标的追求坚定不移地坚持下去。第二，战略战术不变。就像打仗一样，我们总的战略思想和战术原则不能变。在战略上，要坚决打好安全生产的主动仗，牢牢把握工作主动权，不能畏难发愁，不能懈怠气馁，更不能骄傲麻痹。在战术上，继续坚持"两手抓"，一手抓"安如泰山"科学预防体系构建的攻坚战，一手抓隐患排查治理的歼灭战。第三，工作重点不变。我们的工作重点就是全面落实企业安全生产的主体责任。年初市委以 3 号文件下发了《关于在全市开展企业安全生产

主体责任全面落实年活动的实施意见》，市安监部门正通过各种方式检查督促各个县（市、区）的工作，特别是重点企业、重点行业领域的企业主体责任落实情况。第四，措施方法不变。我们抓企业主体责任落实，就是要靠政治、行政、法律、经济和市场五大手段，五指并拢形成重拳，打造合力，切切实实把安全生产的各项责任、各项措施、各项制度、法律法规敲实。第五，试点责任不变。国家安监总局在全国筛选了11个试点市，来探索遏制重特大事故的路子和办法，泰安是其中之一。这是总局对泰安过去遏制重特大事故工作成效的充分肯定，对我们来说是荣誉、更是责任。我们有责任基于过去行之有效的做法，基于对安全生产规律性的探讨和实践，基于科学预防体系和隐患排查治理体系的建设，努力为全国做出一套值得借鉴的做法。做好试点工作，前提是把我们自己的工作做好，把我们原来成熟的做法进一步落地生根、开花结果，确保不能出问题、至少不能出大问题。

同时，为了更好地适应新形势、新任务的需要，进一步创新方式、抓好工作，市政府决定，从2016年下半年开始，不再集中到县（市、区）开展面上督导，由各县（市、区）"各自为战"，独立作战，市里成立隐患排查治理歼灭战和科学预防体系攻坚战的"双战指挥部"，督导督促各县（市、区）、各行业领域落实有关工作。要加大执法力度，采取严厉措施，特别是对重点行业的重点企业中主体责任不到位、甚至是违法非法的行为，坚决依法打击。

二、进一步高度重视，确保做好汛期的安全生产工作

就汛期安全，市委市政府高度重视，对整个防汛工作进行了全面部署。汛期已经来临，极端恶劣天气时有发生，各级各有关部门一定要高度重视汛期安全生产，进一步强化防范措施。市政府的总体要求是：立足于防大汛、抗大洪，抢大险、救大灾，高度重视，科学防范，以极端负责的精神，全面系统排查隐患。要全面落实东平湖、大中小河流、病险水库等重点部位的防范措施；要突出中心城区的防汛工作，对城区重要部位重点排查、重点盯防，对排洪系统、地下工程等要害部位要管控到位、防范到位，必

要时可采取交通管制措施；要盯紧人员密集场所，尤其对泰山景区等要完善应急预案，搞好应急保障；要结合季节特点，进一步抓好煤矿、非煤矿山、建筑施工等重点行业和领域的安全生产工作，防溢水、防塌方、防伤人，确保人民群众生命财产安全。具体措施中，一是要认真落实行政首长为第一责任人、班子成员"一岗双责"的安全生产责任制。在主汛期这段时间，各县（市、区）政府及市直部门单位主要负责同志要亲自研判、定期调度，集中精力抓好汛期生产安全。气象、水利、国土资源等部门要认真做好灾害性天气、库容水位的预报预警，在第一时间通过媒体、网络、手机短信等一切手段和渠道向社会及公众发布。二是对有可能遭受暴雨、洪涝等自然灾害威胁的工矿企业、建筑工地和居民区、学校、幼儿园、地下商场、集贸市场等人员集中部位，都要及时做好撤离人员准备。三是要加强汛期值班工作，严格执行 24 小时值班和领导干部带班制度，随时掌握雨情汛情和安全生产动态，发现重要险情要及时处置、上报。

三、集中精力，切实加强对安全生产工作的领导

下半年，各种安全生产的重点、敏感时段依次到来，特别是当前经济下行压力较大，企业在安全生产上的投入可能会减少，再加上各级换届临近，难免会分散大家一些工作精力。但是，无论面临的形势如何困难、如何复杂，安全生产绝对不能出问题。我强调一下安全生产的领导方法问题：第一，要有问题清单。在主管的区域内、在主抓的行业领域内，存有哪些安全生产问题，主要负责同志必须做到心中有数、拉出清单。问题包括两方面，一方面是风险，一方面是隐患。风险不防就会形成隐患，隐患不除就要酿成事故。第二，要有整治方案。问题有轻重、整治分缓急。对于本区域、本领域发现的问题，哪些必须尽快处置，哪些必须马上处置，包括可能存在但是尚未发现的问题如何去排查发现，都要有一套完备的方案。这一点决不能应付，在安全生产问题上，谁想和它应付，它就和谁"应付"。第三，要有落实结果。对于发现的问题，哪些进行了整治，整治到了什么程度，整治是不是彻底，必须要有检查、有落实、有结果，最终达到让人放心的程度才行。第四，要有应急措施。无论工作再怎么扎实、再怎

么细致，谁都不敢保证绝对不出事。万一真的出了事，该怎么办？我们得有应急预案、有应急队伍、有应急办法，最大限度地减少人员伤亡和财产损失，尤其是不能出现人的死亡，也就是我们不懈追求的"零死亡"目标。第五，要有保障手段。安全生产相应的人、财、物、技术必须到位。

总之，作为地方政府领导、作为行业主管部门的负责同志，特别是在下半年这一敏感、关键时刻，抓安全生产必须有问题清单、有整治方案、有落实结果、有应急措施、有保障手段。唯有这样，才能确保面上平稳，才敢追求万无一失。

（节选自 2016 年 7 月 20 日在全市安全生产工作电视会议上的讲话，根据录音整理）

形成安全生产的文化自觉

这几年来，安全生产工作就我们泰安市来讲，基本上处于年年讲月月看天天干的这么一种状态之中。近年来，我们通过推行安全生产的一系列责任主体责任落实，特别是通过隐患排查治理体系的建设和科学预防体系的建设，使我们整个安全生产工作逐步走向规范。我们每个月督导各突出一个主题，实际上就是为了整体推进安全生产工作的落实，目的是确保我们不出问题。所以大家看到的，每次月督导都坚持了问题导向，特别是安委会办公室组织专家和执法人员，对我们县（市、区），对我们行业领域，特别是对企业，这种拉网式的排查，通报问题、提出整改措施和整改意见，还是证明了我们那句话，整个安全生产在当前生产条件下，就是在不断地发现问题，不断地解决问题，从而确保实现不出问题的一个动态过程中来推进的。那么今天这个月督导会议也是如此，我们通报了检查的情况，特别是省政府安委会安排的异地执法情况，上次检查的新泰、国土和林业部门就整改问题，也做了汇报。我又看了岱岳区和高新区，包括国资中心的视频片子及汇报之后，我想大家对我们安全生产的科学预防体系，特别是"安如泰山"这个安全文化品牌应该有进一步的了解，或者是进一步的感知。

我看了听了之后，我总体这么几点印象。第一，从理念上我们基本实现了能够入心入脑。在我们全市上下，特别是企业，"安如泰山"的文化品牌已经进入我们的心中，这种带有可持续性发展的安全理念，作为提高人的文明素质的一项重要举措，大家是接受的，因为我们就长在、工作、生活在泰山脚下，那么"安如泰山"的文化品牌没有比放在我们泰安再更加合适的了，我们既要守护住我们这 7000 多平方公里土地的安全，更应该对我们这方土地上的老百姓的安全负责，所以我们应该义不容辞，应当入心，在理念上已经初步形成了一定的局面。

关于安全生产宣传工作，我再强调这么几个方面。一个是以加强安全文化宣传子体系的建设，来进一步促进"安如泰山"科学预防体系建设落实。这个体系是一个科学体系，是一个可操作的体系，是带有前瞻性和超前性的一个体系，那么我们必须扎扎实实地往前推进，确确实实用这个体系落实来保证我们工作的落实，来保证我们安全生产的实际成效。安全文化宣传子体系又在这个大体系中起着至关重要的作用，这个作用体现在：第一，它是一种全民心理素质的长期积淀。一个事物发展的最高境界就是形成文化，这种文化，它是一种高度自觉的境界，我们要追求这个目标。通过我们这项工作，至少在安全生产上，我们不仅要改变我们目前的行为习惯，而且要改变今后一代人乃至几代人的行为习惯，所以这种心理素质的长期积淀，我们要有个清醒的认识，我们抓这项工作，就是为了实现这个目的。第二，抓安全文化宣传子体系建设，是一种内化于心、外化于行的行为规范，那就是把简单的工作重复性地做对它，比如说作为每一个员工也好，每一个市民也好，就是把我们每一天的事情做对它，把你手头的工作做对，那么这种理念是要内化于心、外化于行，内心形成一种高度自觉，那么行动上形成一种切实规范，而不再是凭侥幸，更不是在破规矩。第三，这是一种实现安全生产本质安全的一项重要的标志，这种本质安全，它的含义就是全民的高度自觉和社会的高度文明，那么通过安全文化宣传这个体系的建设，我们形成平台了，形成全民共识了，形成高度自觉了，那么本质安全就会有切实的保障。第四通过这个子体系的建设，是我们各级党委政府来确保一方长治久安的重要保障。还是那句话，我们顾的不仅仅是眼前，而且是在顾眼前的同时考虑得更加长远，要改变一代人乃至几代人的心理素质和行为规范，所以我想我们各级党委政府，特别是具体从事这项工作的同志，要进一步统一好这个思想认识，所以下一步要坚定不移地把我们整个科学预防体系建设推向深入推向具体，更加扎实有效地来体现在我们的方方面面。

（节选自 2016 年 8 月 29 日在市政府安全生产月督导工作会议上的讲话，根据录音整理）

由三个故事说开去

　　要持之以恒地抓好"安如泰山"科学预防体系创建工作。在安全生产工作的战略上，市委市政府态度明确，就是要抢占工作主动权，牢牢把握领导权。在具体战术上，就是要两手抓：一手抓隐患排查治理的歼灭战，一手抓科学预防体系创建的攻坚战。科学预防体系创建作为一项治本性的举措，更是带有根本性、长期性和实效性，必须持之以恒地坚持抓好。我想通过与同志们交流三个故事，进一步强化大家对科学预防体系的认识。

　　第一个故事是人类进化论的启示。人类从爬行到直立行走，从蒙昧走向文明，是一个艰难的、长期的、上万年的历程，也是一个不断认识自然、把握规律、主宰世界的过程，体现的是进化的方向性、规律性和必然性。从生理上讲，人类站立起来，解放了双手、发达了大脑，从而成为地球的主宰；从哲学上说，人类认识了世界的本质、把握了自然的规律，才不断从"必然王国"走向"自由王国"。再说回到安全生产，从"兵来将挡、水来土囤"发展到科学预防、本质安全，这就是安全生产的方向性、规律性、必然性。事实证明，我们泰安在安全生产方面的研究、探索和实践，把握住了这种方向、规律和必然，我们必须有信心、有决心、坚定不移地推进科学预防体系建设，进而更牢牢地把握这项工作的主动权。这项工作抓得早，泰安的老百姓就早受益，泰安的干部就更有作为，这是我们必须认识的关于方向性的问题。

　　第二个故事是愚公移山的故事。这个故事体现了中国人艰苦创业的精神和持之以恒的毅力，我们创建"安如泰山"科学预防体系也要有愚公移山式的执着。如果把彻底消除安全隐患、实现社会本质安全这项任务作为一座大山，我们必须有一任接一任、一代接一代持续干下去的精神，因为我们面对的也是一个艰苦的过程，是一个漫长的过程，是一个打基础利长远的过程。我们就是要从现在抓起、从点滴抓起、从每个企业抓起、从每个问题的整改抓起，点点滴滴无穷匮，最终一定能彻底搬走安全事故这座威胁人民群众生命财产安全的"大山"！

第三个故事是燕子衔泥筑巢的故事。燕子为了建设家园，为了安居乐业，用嘴一点一点地衔泥筑巢，堪称精雕细琢。我们建设安全生产科学预防体系也要如此。随着对安全生产理论认识的不断深化，我们对实践规律的探索也将日益深化，要不停地对这个体系进行改进、丰富、完善，时刻保持对更好、更完美的追求。全市上下尤其是安监战线的同志们要进一步统一思想，我们的方向是对的，但是过程是艰难的，必须本着科学的态度和敢于自我否定的魄力，不断探索、不断提升，建好科学预防体系，实现我们"为官一任，造福一方，保一方平安"的神圣使命。

（节选自 2016 年 9 月 27 日在市政府安全生产月督导安全监督监察子体系工作会议上的讲话，根据录音整理）

筑牢煤炭行业企稳回暖的安全基础

　　煤炭行业是全国各行业安全质量标准化的先行者，今年已经是行业推行安全质量标准化的三十年。俗语说"三十年河东，三十年河西"。作为我省乃至全国煤炭行业发展比较早的区域，泰安地区是行业质量标准化的发源地之一，完整地见证了三十年来煤炭行业的风风雨雨、起起伏伏。从计划经济时代到市场经济时期、从"黄金十年"到"新常态"，煤炭行业历经变迁，但是作为我市传统支柱产业的地位没有变过，多年来为泰安经济和社会发展做出了重要贡献，高峰时经济贡献率占全市的四分之一强。虽然这几年来行业陷入低谷，但是泰安市委市政府对这个行业的态度一直很坚定，我们不仅充分肯定煤炭行业、煤炭人多年来的艰辛付出和突出贡献，而且充分认识煤炭行业对泰安未来发展的重要意义和巨大潜力，一直致力于行业的安全、稳定、转型发展。

　　一是靠安全稳基础。市政府一再告诫企业，"安全生产出小事捅天、出大事塌天"，煤炭行业尤其如此。因此，煤炭行业的安全一直是我们工作的重中之重，尤其是在行业低迷的大背景下，我们绝不能出事、也出不起事，这是煤炭行业能够企稳回暖的前提所在、基础所在。近几年来，我市大力推进了基于"安如泰山"文化品牌下的安全生产科学预防体系建设，涵盖十二大子体系，取得了明显成效，体现在煤炭行业就是全市煤矿百万吨死亡率连续八年控制在省里下达的指标内。这个体系得到了国家安监总局领导的充分肯定，希望我们的工作能对全省煤炭行业安全质量标准化提供一些补充和借鉴。

　　二是靠质量谋发展。十八大尤其是十八届三中全会以来，我国经济日益进入"新常态"，其标志是经济中高速增长、产业中高端发展。十八届五

科学预防篇

中全会提出的"三去一降一补"五大任务，去产能是当务之急，煤炭行业更是首当其冲。中央的方针政策都要求煤炭行业必须进一步提升发展质量和效益。而且，我们认为质量不仅仅是产品质量，更体现的是企业管理质量、机制建设质量、执法监督质量、人才队伍质量和安全监管质量。

三是靠转型寻希望。早在 2013 年，我市专门召开煤炭行业转方式调结构工作会议，明确提出煤炭企业要转思维方式、调思想结构，要转发展方式、调产业结构，要转管理方式，调资源结构，要转生产方式，调效益结构，要转领导方式，调人才结构，要转工作方式，调作风结构。煤炭行业是一个传统行业，唯有转型才有希望。我们既要深挖"地下"资源、更要广拓"地上"潜能。近期，随着国家调控政策逐步发酵，各项去产能措施的深入实施，煤炭行业已经呈现出回暖态势，这有助于我们提升对未来的信心。很多人把煤炭比作"黑金"，那么不论埋藏得多么深，是金子就肯定能发光，关键就看我们的信心是不是坚定不移，我们的方向是不是契合形势，我们的工作是不是扎实有力。

（节选自 2016 年 9 月 30 日在全省煤矿安全质量标准化 30 周年推进会上的讲话，根据录音整理）

对安全生产要成为一种信仰

关于安全生产，我们提出了"三个一"：一天天地干，一月月地看，一年年地盼。一天天地干，指的是我们每天、每时、每刻、每分、每秒都把安全生产工作紧紧绷在心上，牢牢抓在手上；一月月地看，指的是我们从2013年开始实施的安全生产月督导工作机制；一年年地盼，指的是我们在市委、市政府的坚强领导下，在全市人民的大力支持下，通过全体同志特别是分管、主管和具体负责这项工作的同志们年复一年的辛勤工作，确保了泰安平稳的安全生产形势，进而我们才能期盼着泰安的未来也能够年复一年的"国泰民安"，这是基于扎实工作的一种美好期望。今天我想再补充一个"一"，那就是一遍遍地念。这个"念"，不是念文件，也不是念稿子，而是一遍遍地念叨安全生产，一遍遍地嘱咐各级务必对安全生产要高度重视。通过一遍遍地念，全市上下特别是安监战线的同志们对待安全生产工作要形成一种宗教式的信仰和殉道式的执着。

"一遍遍地念"是硬功夫。大家都上过泰山。最近几年碧霞祠搞了一系列改革，统称"三改一恢复"。"三改"，第一"改"是取消门票，实行普惠制，所有的香客都可以免费进入碧霞祠进香祈福；第二"改"是取消传统香，改烧环保香，而且也是免费的，既满足了香客的心理需求，又不会造成污染，更能够减少火灾隐患；第三"改"是取消抽签，所谓"抽签"本来就是一种过度商业化、背离泰山平安文化精神的行为，祈福讲究的是"心诚则灵"。"一恢复"，指的是恢复道士每天一早一晚诵经的传统，通过一遍遍地敬诵经文，把那些清规戒律内化于心，做到修身养性，真心实意地积德行善。我们抓安全生产工作，抓"安如泰山"科学预防体系的建设，应该借鉴这个做法。通过一遍遍地念，让全市上下都能知晓"安如泰山"

文化品牌的内涵和精髓，都能够了解这个文化品牌下涵盖了怎样的体系，进而让安全生产的意识像教徒对待宗教信仰一样，深深地植入全市人民的理念之中，融入泰安地方特色文化和社会风气之中。这是一种要求，也是一种期盼。如果达到这种程度，全市安全生产的平稳局面就能得到确确实实的保障，本质安全也就离我们更近了一些。我们的人文素质、工作措施、落实力度还达不到最理想的程度，每次检查都会发现很多隐患，其中既有重复的问题，也有新发现的问题；既有共性的问题，也有个性的问题。我们既要掌握科学的方法，也得会用、用好这种"笨"方法。一种办法只要有效，那它就不"笨"。只要我们能以这种执着的精神长此以往地抓下去，泰安的安全生产工作一定能在现有基础上实现新的提升。

（节选自 2016 年 10 月 27 日在市政府安全生产月督导法制保障子体系工作会议上的讲话，根据录音整理）

绝不能做表面文章

这几年来，我们抓安全生产所耗费的精力、所探求的方法、所体现的风貌，在全省、在全国都是比较好的，但是我们从来没谈过经验，从来都是慎谈成绩，时时刻刻小心翼翼、如履薄冰。实践证明，工作抓得紧，安全生产就能够做到万无一失；如果放松了，它就会给你颜色看。在当前时期，作为领导干部必须要抱有定力，干一天就得尽到这份责任一天。安全生产并不会因为换届而出事，也不会因为换届而不出事，我们还是要继续重视、继续加强，按照既定方针和做法，持之以恒地抓下去。

要把安全生产当成一项体现党性的工作来抓。共产党员必须得讲党性。全党同志要在党言党、在党忧党、在党为党。我们要从党性的高度来审视我们的工作，来检查我们的部署。在当前形势下，对安全生产的态度最能体现一个班子、一名干部党性强不强。安全生产的起点是对党的忠诚、对组织的负责，终点要体现在对老百姓的忠诚、对人民群众的负责。

要把安全生产当成一项体现良心的工作来抓。安全生产这项工作如果抓不好会让我们退到良心的"洼地"，那我们就必须站在道德的高地上不能后退。我们要凭着良心、凭着道德品行去抓安全生产，继续瞪起眼来、扎扎实实一丝不苟地坚决认真把这个工作做好。

安全生产最不能做表面文章，铮铮誓言不如扎实工作。我们说一千道一万、喊破嗓子跑断腿，也不可能代替企业去落实责任。我曾经说过，安全生产出了事故、死了人，有人可能以旁观者的心态将此当成一个谈资，但是对死者的家庭来说是塌天大祸！主管部门也检查了，应有的操作规范也有了，但是企业就是不落实或者落实不好，这绝对不行。

我重申一下两个指标的问题。全年经济指标要确保完成，以体现泰安的发展质量和发展水平，体现稳中有进的势头；安全生产控制指标要确保不突破，决不能出现致死事故。经济指标是锦上添花的、是戴帽子的指标，安全生产是雪中送炭的、是摘帽子的指标，各级务必要再重视、再加强。加强领导、体现重视的出发点和落脚点，就在企业主体责任的落实。我们宁肯让经济指标降一点，对那些不负责任的企业也得该罚的罚、该关的关、该停的停。经济增长再多的百分点也不足以挽回出了事故所造成的经济损失和社会影响，更不能挽回逝者的生命。

（节选自 2016 年 12 月 1 日在市政府安全生产现场会上的讲话，根据录音整理）

正确把握煤炭行业的发展趋势

在当前煤炭市场有所复苏，但安全生产形势依旧比较严峻的情况下，我们要坚定的是信心，拿出的是办法，追求的是效果。

正确分析和认识煤炭行业发展的三大历史阶段。三大历史阶段就是过去、现在和未来。过去，煤炭行业在人类历史上、在国家的发展史上创造了辉煌，作为第一能源，为经济社会发展做出了重大贡献，这值得我们煤炭人引以为豪。但在发展过程中也难免用鲜血和生命换取了一些经验和教训，值得庆幸的是在近几年煤炭行业安全生产中，全行业包括各级政府，特别在座的企业负责同志在接受教训的基础上加强管理，严格履行主体责任，加大安全投入，实现了泰安市煤炭行业安全生产的持续好转，一些煤矿保持了较长的安全生产周期，但是这些已经成为过去，过去已经成为历史。现在，在经济进入新常态的情况下，煤炭行业遇到前所未有的困难，特别是十八届五中全会后的"去产能"政策，煤炭行业首当其冲。我们面临着一手抓安全生产，一手在确保安全生产的前提下抓生产经营这两大任务，其中安全生产是首要任务，是第一职责。我们要查思想、查管理、查隐患、查投入、查监管，认真查找在这些方面到底存在哪些问题、存有哪些隐患，更重要的是在思想上还有哪些差距。目前煤炭市场虽然有所复苏，但决不能形势一好就放松了安全生产。我们的当务之急是把安全生产时刻绷在心中、抓在手中，只有安全度过现在阶段，才能迎来美好的未来。未来，煤炭行业怎么发展？习近平总书记对煤炭行业还是寄予厚望的，在讲到能源革命时指出，我们正在压缩煤炭比例，但国情还是以煤为主，在相当长的一段时间内，甚至从长远来讲，还是以煤为主的格局，只不过比例会下降，我们对煤的注意力不要分散。我国煤炭资源丰富，在发

207

展新能源、可再生能源的同时，还要做好煤炭这篇文章。习近平总书记不仅给煤炭行业定了调、定了位，更多的是寄予厚望。所以，我们应该对煤炭行业的未来充满信心！但是以煤为主的格局必须是以安全为前提的格局，习近平总书记的定位肯定也是以安全为前提的。下一步我们还是要把煤炭行业作为泰安市的支柱产业、重点产业去发展，但是比例要有所下降。"十三五"期间要逐步缩减煤炭产量，但是不管怎么发展都要保证安全生产这一前提。通过过去、现在、未来这个历史线索来看，任何阶段、任何时期都离不开安全生产，我们在坚定信心的同时要坚定这个理念。

对煤炭行业提一些基本要求。煤炭行业绝对不能出事，绝对不能出大事。最近我市相继发生了两起事故，算经济账的话，企业损失非常严重，有可能面临破产，算政治账、社会账的话我们更出不起！我们的目标是不出事故，绝对不能发生较大以上事故。安全生产管理是一个流程，说到底是人对人的管理，最终实现对具体事的管理，董事长、总经理管好分管的，分管的要管好具体负责的，管好了就能不出问题。有的人说安全生产就像是关在笼子里的虎，不出笼子有观赏性，出了笼子就咬人，管不好发生了安全生产事故就人伤人，人害人；出了事故，就是人救人；事故平息后，就是人治人，有撤职的，有法办的。其实，深刻剖析的话，事故发生的根本原因还是企业主体责任未落实到位。市政府开展了主体责任全面落实年活动，梳理了企业从董事长到员工的7大项62小项责任，要求企业结合实际落实到具体环节上去，切实扬起企业这个"龙头"，牵住主体责任这个"牛鼻子"，锻造好责任体系这个"钢模具"，落实好岗位责任这个"铁卡子"，解决安全生产最后一拃的问题。我们不能凭感觉，不能凭经验，安全生产每时每刻都不能放松，要用科学的方法去抓。各矿山企业要严格进行自查，认真排查有没有非法违法生产、有没有违章操作、有没有越界开采等行为，一旦发现要坚决打击、绝不手软。

对新矿、肥矿两大矿业集团，市政府的基本态度是全力支持新矿集团转型和扭亏，集中资源、派出精兵强将帮助肥矿解困，配合肥矿集团改革重组。这两大矿业集团在过去为泰安的发展做出了巨大贡献，在新的时期地方政府也会全力支持两大矿业集团的改革和发展。希望两大矿业集团在生产经营、改革改制、安全生产、社会稳定等方面为地方做出表率。

（节选自 2016 年 12 月 5 日在煤矿和非煤矿山安全生产调度会议上的讲话，根据录音整理）

科学预防篇

抓好安全生产的基本逻辑

今年的中央经济工作会议就"去产能"问题有一个既传统又很新鲜的提法，"房子是用来住的，不是用来炒的"。这是从根本上对整个房地产业的定位，体现了三个重大的观点：本源论、本质论和本体论。所谓"本源论"，建房子就是为了住，房地产业要回归本来面目。所谓"本质论"，目前房地产业存在的诸多问题，根子在"炒房"，包括一些地方政府为了追求效益也在变相"炒房"，从而造成了泡沫，导致好多人买不起房子。所谓"本体论"，就是说解决问题的主体在政府。各级政府通过调控，要把房地产业作为一个实实在在的产业来发展，首先解决"居者有其屋"的问题，然后再谈对地方财政的贡献问题。举这个例子，就是套用习近平总书记的话来谈谈安全生产，力争用浅显的语言来阐述深刻的警示，形成抓安全生产的基本逻辑。

一、办企业是要为人类造福的，而不能是造成伤害的

在座的是企业的董事长、总经理。企业是社会进步的产物，其本源是为了造福人类、吸纳就业、创造财富、促进经济社会发展。但是，在办企业的过程中有可能出现事故，对人类生命和财产造成伤害，有的甚至出现群死群伤的重大事故，这就违背了办企业的初衷。我们通过提高企业组织化水平、提升工艺装备水平，要努力避免直至杜绝可能出现的伤害。全市目前有化工生产经营单位近 2000 家，年产值 300 余亿元，从业人员 3 万余人，涉及"两重点一重大"的企业 80 家，危化品重大危险源 58 处。全市43 家危化品运输企业共有运输车辆 616 台，市内运营的长输油气管道有 8条 540 公里。另外，我市境内高速公路、国道、省道网密集，危化品过境运

输车辆多。可以说，化工安全在全市安全生产大局中举足轻重，在全市工贸类企业安全生产风险分布中首当其冲。在泰安，这 2000 家化工企业必须坚守造福社会、造福人类、造福泰安的本源，不能造成伤害。这必须成为我们的统一认识。

二、企业董事长是要履职担责的，而不能是当"甩手掌柜"的

企业的董事长是企业法人代表或实际控制人。无论是国有企业、改制企业、民营企业还是从外地引进的企业，作为企业的董事长，都必须尽职尽责、担当责任，决不能推诿塞责、甩手听任。具体工作中，至少要承担四项责任：第一，主体责任。企业作为市场主体，所承担的主体责任是多方面的，我们主要强调的是安全生产的主体责任。新《安全生产法》之"新"，归结起来就是六个字：明责、履责、追责。所谓"明责"，就是明确了党委政府、部门，特别是企业的责任；所谓"履责"，就是明确了安全生产的责任要按照什么办法、什么规定来履行和担当；所谓"追责"，就是如果出现了不该出现的问题，将要严厉追究责任。最近，党中央、国务院又出台了《关于推进安全生产领域改革发展的意见》，又一次明确了企业董事长的职责。其中第六条明确说："严格落实企业主体责任。企业对本单位安全生产和职业健康工作负全面责任，要严格履行安全生产法定责任，建立健全自我约束、持续改进的内生机制。企业实行全员安全生产责任制度，法定代表人和实际控制人同为安全生产第一责任人，主要技术负责人负有安全生产技术决策和指挥权，强化部门安全生产职责，落实一岗双责。"所以说，法律上也好、中央文件上也好，企业的安全生产主体责任是十分明确的。第二，经济责任。企业要创造效益，要给员工发工资，要向国家交税，同时自身还要有利润，这是企业在经济方面应该起到的基本作用。第三，社会责任。企业发展得好，就自然而然应该承担一些社会责任，比如搞一些慈善事业，实施一些扶贫项目，等等。第四，法律责任。企业要依法经营，照章纳税，违反了法律就必须承担法律责任，特别是出了安全生产事故要依法负责。这四大责任，哪一个责任都不轻，但是主体责任是重中之重。我们期盼企业发展得又好又快，为社会多做贡献，但是更期盼企

业不出问题，尤其是不能出安全生产事故。企业一旦出了事故就是塌天大祸，不光员工失去生命，企业负责人自身将受到法律追究，企业本身也会受到重大影响，甚至破产。这是多少血的教训、多少鲜活的案例一再给我们的警示。所以，企业董事长一定要把安全生产主体责任这个第一责任履行到位，不能有侥幸心理，不能有"停一停、歇一歇"的懈怠精神状态。

三、安全生产是要作为一项事业尽心尽力干好的，而不能是作为一项单纯的任务平推平拥应付的

概括来讲，安全生产其实是两个层面：一是政府监管，二是企业作为。

作为政府，对安全生产的重视程度是空前的。在这种高度重视的前提下，无论是分管的同志还是具体负责的同志，都必须尽职尽责、尽心尽力。各级安监局局长中，既有在系统内工作了十几年的老局长，也有刚加入的新同志。组织把大家放在这个岗位上，是慎重考虑之后的托付，怀的是无比的信任。既然在这个岗位上，我们就不能辜负组织的信任。组织就是要把最放心的人放在这个最不放心的岗位上，这是我们的神圣使命。在这一点上，可以说历任市安监局局长都做出了表率。我市安监队伍建设可以说走在了全国、全省的前列，但是这项工作永远在路上。我们提出的"钦差大臣""平安菩萨""忠诚卫士"三大定位，"选一个好局长、配一个强班子、建一支铁队伍"三大要素，"勇于负责、敢于负责、善于负责"三大精神，构成了一个完整的体系。在这个体系的支撑下，老同志要焕发青春，新局长要抖擞精神，以良好的心态和面貌来迎接新的挑战。

作为企业，要认识到一个浅显的道理，那就是如果企业不重视安全生产，那么无论政府再怎么重视也是白费。我们总不能等出了问题、逮了人、罚了款、发了丧，再去重视，再去办本来就应该办好的事。前段时间，我市发生了两起一般事故，后果很惨痛，职工死亡、企业破产、负责人被追究责任。我们一定要吸取这种血的教训。为什么市政府在持续推行"安如泰山"科学预防体系建设？就是要解决风险、解决隐患、解决问题。在此，我代表市政府再一次嘱咐企业的同志，一定要高度重视安全生产、一定要真正重视安全生产！企业董事长不要把员工仅仅当成雇员，要发自内心地

把他们当成家庭成员、当成兄弟姐妹；宁肯董事长的车旧一点、办公楼简陋一点、餐厅平凡一点，也一定要把车间建设好、把职工的工作环境优化好、把安全生产条件保障好。现在各级都一再强调执法问题，就是要解决安全生产执法、守法、遵法"上热下冷"的现象。在党中央、国务院《关于推进安全生产领域改革发展的意见》中，再一次强调了尽职免责的问题。我们可能做不到绝对杜绝事故，但是只要大家尽职尽责、尽心尽力地依法按程序办事，即使真出了小问题政府也会酌情综合考虑。现在最怕的是不把安全生产当回事，尤其怕企业不把安全生产当回事。今年市政府、市安委会在全市范围内部署开展的"企业主体责任全面落实年活动"，设定了从董事长到岗位员工7大类62项责任。我们出不起事。企业只要出了事，小事捅天、大事塌天；我们可能辛辛苦苦一辈子才能干成一个企业，也可能因为安全生产一时疏忽、一夜之间就毁掉一个企业。

安全生产是一项伟大而光荣的事业，需要我们锲而不舍地去追求。工作总得有人去抓，党的事业总得有人去干，作为分管这项工作、具体从事这项事业的同志就不能怕。我一再给大家鼓劲要打主动仗，要牢牢掌握主动权。战术上就是一手抓隐患排查治理，一手抓科学预防体系建设。政府也好、企业也好，特别是化工企业，一定要同心同德、同心同力，真正把安全生产工作当成一项事业，认认真真、扎扎实实地抓好。

四、党委政府是要为官一任、造福一方的，而不能是碌碌无为、耽误一方的

县（市、区）班子换届已经基本到位。现在各项工作千头万绪，抓重点项目是为了保发展、稳增长、惠民生，抓安全生产是为了保稳定、保环境、同时也是为了惠民生，因为当一个地方连老百姓的生命安全都不能保证的时候，谈何发展？谈何民生？所谓"为官一任，造福一方"，首先要保一方人民的生命安全。今天虽然是化工系统的安全生产会，但是我们的工作导向、工作要求是一致的，党委政府必须承担起第一责任人责任。中央、国务院《关于推进安全生产领域改革发展的意见》的第四条专门强调："党政主要负责人是本地区安全生产的第一责任人，班子其他成员对分管范围内的安全生产工作负领导责任，地方各级安全生产委员会主任由政府主要负责人担任，成员由同级党委和政府及相关部门负责人组成。"党中央、国务院的规定很明确，这项工作绝对不能"断链"，首先是人员不能"断链"。各县（市、区）党委政府，对安全生产工作要像市委市政府一样重视起来、真正抓起来，做到上行下效。在全面从严治党的今天，政治意识、大局意识、核心意识、看齐意识等不是靠喊口号、念稿子来体现，而是明明白白地体现在各项具体工作中，尤其体现在安全生产这样重中之重的工作中。我相信换届之后，我们的工作肯定能迎来新的更好局面。在"党政同责、一岗双责，齐抓共管、失职追责"的要求下，各级党委政府会更加重视这项工作，用更加行之有效的办法来解决这些问题。

（节选自 2016 年 12 月 21 日在全市危险化学品行业安全生产调度会上的讲话，根据录音整理）

党的政治优势是最重要的保证

近几年来，在党中央国务院、省委省政府的坚强领导下，我市把安全生产当作一项政治任务狠抓、深抓、实抓，取得了较好成效。主要表现在几个方面：

一是先进的理念基本形成。当全国安全生产形势基本处于"兵来将挡、水来土囤"的被动状态时，我们泰安率先提出了科学预防的先进理念。我们通过研究安全生产的当前形势，把握未来的发展趋势，融入社会文明进步的规律，做出了我国的安全生产必须由当前的"兵来将挡、水来土囤"走向科学预防的轨道这个基本判断。一个人要健康长寿，不能等得了病再去做手术，应该保健、预防在先，安全生产也是如此。这几年来，我们一手抓隐患排查治理，一手抓科学预防体系建设，从而掌握了工作主动权。在具体工作过程中，我们形成了一系列创新性的先进理念："科学发展是主题，安全发展是前提""转方式调结构是主线，安全生产是底线""作为分管和主管安全生产的同志，抓好了安全生产，就是为个人的成长铺平了道路，为自己的发展扫清了障碍"，等等。在这些先进理念的统领下，大家的思想认识更加统一，工作共识进一步形成。

二是科学的体系基本形成。我们坚持安全生产的先进理念和实践探索双线并行、隐患治理和科学预防两手齐抓，旗帜鲜明地提出了要建设"安如泰山"科学预防体系，系统研究制定了 12 大子体系。今年，我们按月督导子体系建设情况，到今天的效能评价子体系为止，已基本全面推行、实践完毕，收到了明显成效。这个科学预防体系在全国是首创，12 大子体系基本囊括涵盖了目前国内外安全生产的成功做法和深刻教训。今后，我们还要继续坚持，不断完善和提高这个成果，让它在泰安大地落地生根。

三是系统的做法基本形成。在战略上,我们牢牢把握安全生产工作的主动权,坚决打"主动仗",改变了过去安全生产工作人人都不愿做、不敢抓、不会抓的问题,大家迎难而上、知难而进、攻坚克难,进而更加有信心、有决心、有办法来抓好这项工作。在战术上,我们坚持打隐患排查治理的"歼灭战"和科学预防体系的"攻坚战";在手段上,综合采取政治手段、行政手段、经济手段、法律手段和市场手段,五指形成重拳,齐心合力抓工作。十八大之后,工农兵学商各界、东南西北中各方,都在强化党的领导。在这种政治生态下,我们发挥党的政治优势,并且把这种重要优势转化为抓好安全生产的重要保证。前一段时间,在与煤炭企业负责人的谈心谈话会和化工行业安全生产专题调度会上,我们一再强调抓安全生产一定要满怀着对老百姓的深厚感情,这就是对党的宗旨观念的具体践行!践行党的宗旨、实践党的群众路线,就是要体现在这些具体工作中。通过这种政治手段,通过发挥党的政治优势,我们各级对这个问题都有了比较清醒的认识,那就是以人民为中心、以人为本。在泰安,这种理念绝不是一句空话,而是形成了一种内化于心的自觉行动。

四是责任体系基本形成。我们进一步完善了安全生产责任体系,涵盖了属地管理的领导责任、部门监管责任、企业主体责任以及企业内部从董事长到一般员工的具体责任。"党政同责,一岗双责,失职追责,齐抓共管"的局面已经形成。特别是今年我们集中开展了"企业主体责任全面落实年活动",立足原有基础,使企业主体责任的落实得到了进一步提升。

五是工作成效基本形成。本届政府履职五年以来,在泰安 7762 平方公里的大地上没有发生一起工矿商贸领域较大事故,这在全国是仅有的。国务院安委会两次来泰安督导,实际上我们是代表山东、代表山东省委省政府来接受这个检阅。每一个到泰安的领导、专家都说这在全国是少见的。抓安全生产的成效体现在哪里?就是体现在少死人、不死人。

六是文化品牌基本形成。我们创意、策划、实践、推行了"安如泰山"文化品牌,作为地方政府抓安全生产的一个科学体系,已经在泰安大地落地生根,而且正在走出山东、走向全国。我们建立这样一个体系、塑造这样一个品牌,首先造福的是泰安的老百姓,其次是对全省、对全国、对社会都算得上是一个贡献。这个文化品牌是综合性的，体现了泰山石敢当的精神，其内涵分为很多方面，比如什么叫忠诚？什么叫担当？什么叫好干部的五项标准？从中都能找到答案。泰安位于泰山脚下，我们最有资格、最有能力、最有信心把"安如泰山"的文化品牌打好、打响。

　　以上是我们的工作取得的一些成效，应该充分肯定。当一项别人不愿抓、抓不好、抓不了的工作在我们手上能抓得住、能抓出成效的时候，我们应该感到欣慰。但是安全生产工作没有终点，永远在路上，面对新的形势和任务，我们必须保持清醒的头脑，继续坚持问题导向，多谈问题、少谈成绩，因为成绩不谈跑不了，但是问题不找它，它就会来找我们。泰安在安全生产方面仍然存在一些不足：第一，主要问题。就是领导重视的问题。现在换届了，部门也正在进行大面积的调整。新领导、新班子必须有新气象。就安全工作，这种新气象不能仅仅挂在嘴上、写到本上，或者挂在墙上，要切切实实解决好"真重视"和"会重视"的问题。"真重视"方面，主要是深度的问题。重视一项工作就得研究这项工作。主要领导负责出主意、用干部，分管领导就应该成为分管工作的专家、行家，要继续深度研究安全生产。"会重视"方面，主要是力度的问题。要进一步强化各项工作措施的落实力度。市政府期望换届后的县（市、区）和调整后的各部门领导班子，在安全生产上能够进一步解决好"真重视"和"会重视"的问题。第二，薄弱环节。就是企业主体责任不够落实的问题。企业主体责任不到位，政府、部门再怎么努力也是白费。今年市政府之所以开展"企业主体责任全面落实年"活动，包括采取的种种措施，都是基于这种实际，昂起企业这个"龙头"，牵住企业主体责任这个"牛鼻子"，定牢责任体系这个"钢模具"，设全岗位责任这个"铁卡子"，解决安全生产"最后一拃"的问题。企业出事很可能就在某一个点，所以我们的薄弱环节还是在企业。第三，重大隐患。就是煤矿、非煤矿山、建筑施工、交通运输、危险化学品、烟花爆竹等九大领域。我们为什么要搞风险预判？因为风险不除就是隐患，隐患不除就是事故！各县（市、区）、各行业领域都要把本地区、本领域的风险点都排查出来。分析安全生产的链条和过程，第一阶段是人管人，管不好就到了第二阶段，就是人伤人；伤了人就进入第三阶段，就是人救人；救完人以后进入处置阶段，最后是人"治"人。人管人、人伤人、人救人、人"治"人这样一个链条，如果工作抓得扎实，后边几环就不存在，抓不好就会连锁反应。所以，我们一定要把重大隐患紧紧控在手上，每一个都要解决好。第四，后进单位。就是工作的不平衡问题。县（市、区）之间、部门之间、特别是企业与企业之间，存在着安全生产工作严重不平衡的问题。明年开始，对交通局这种好部门、好单位我们要大力表扬，发现的落后单位得亮黄牌，甚至采取其他处罚措施。说到底，这是对同志们的一种保护，总比出了事故后欲哭无泪要好。第五，死面死角。就是想不到、管不到、治不到的问题。这两年外地发生的好多事故确实有让人感到意外之处。所以，我们要实行网格化、实名制，县（市、区）的属地管理责任必须要落实。去年我们已经在全市搞了各乡镇的"大会战"、拉网式排查，明年要继续推进"大快严"集中整治，把网眼缩小，把这些死面死角的问题解决好。

（节选自 2016 年 12 月 26 日在市政府安全生产月督导暨交通运输安全专题会议上的讲话，根据录音整理）

攻坚克难篇

确保烟花爆竹行业安全

责任落实要再严格。烟花爆竹安全监管涉及各个区域、多个部门，要形成密切配合、齐抓共管的合力，必须要靠严格的责任制。各县（市、区）要全面落实属地管理责任，做到守土有责；相关部门要分别落实安全监管责任：安监部门负责烟花爆竹的安全生产监督管理，实施烟花爆竹安全经营许可；公安机关负责烟花爆竹的公共安全管理，实施烟花爆竹运输和大型焰火燃放活动许可；质监部门负责烟花爆竹的质量监督和检验；交通运输部门负责烟花爆竹的运输监督管理，实施对相关运输单位、车辆、人员的资质（资格）管理；工商、城管执法、供销社等部门和单位在烟花爆竹安全管理中也要认真行使各自的法定职责，加强对烟花爆竹经营安全监管。各级政府尤其是基层政府都应当将烟花爆竹"打非"作为岁末年初安全生产工作的重中之重，统筹组织协调各部门及乡镇（街道）基层政府和村、社区落实"网格化"监管措施，全面加强烟花爆竹生产、经营、运输、燃放各环节及产品质量安全监管，组织相关部门统一行动、联合执法、形成合力，堵塞监管漏洞，对非法生产、经营、运输、储存、燃放烟花爆竹实施"地毯式"排查、全方位打击。特别是要将城乡接合部、城中村、出租房屋、废旧厂房、封闭式院落、废弃养殖场、集贸市场等场所，有非法生产经营烟花爆竹前科人员和近期关闭退出烟花爆竹生产企业人员，以及私接动力电、家庭用电量异常、有机械声响的房屋作为重点排查对象，登门检查、逐人过筛，严格落实管控措施。

社会氛围要再浓厚。燃放烟花爆竹是我国人民的传统习俗，尽管近几年销量有所下降，但还是广泛存在，必须营造浓厚的社会氛围，依靠全社会力量的积极参与、大力支持，确保烟花爆竹安全监管万无一失。一要加大宣传力度。要在电视台、报纸等媒体上大张旗鼓地进行宣传教育，要组织宣传车进村入户宣传、发放明白纸、张贴告示，要在中小学生中进行烟花爆竹安全知识教育、远离危害保护环境等教育活动。现在少年儿童逐渐对烟花爆竹失去兴趣，这是社会文明进步的表现，但是完全杜绝也不可能。要通过各种宣传方式，提高全社会的安全意识、文明意识。要把一些非法违法案件处理结果及时向社会公布，对违法犯罪分子形成震慑。二要强化协同作战意识。相关部门要多组织全覆盖、广领域的执法检查活动，在社会层面上形成"严打"阵势。三要鼓励人民群众举报。有的单位仅仅制定了举报奖励制度，但没有落实奖励资金。在此提出要求：凡是还没有落实奖励资金的，要马上研究落实办法予以解决。群众举报的线索，查证落实并采取处罚措施的，要从罚款中拿出一部分对举报的群众进行奖励、兑现承诺，进而形成良好的社会导向。会后，各县（市、区）、各部门要立即行动，把各项工作落实好。

烟花爆竹的安全监管是安全生产工作中的一项，当前时期是重要的一项。各县（市、区）、各部门分管的同志和基层的同志既要把握好本地区、本单位的工作大局，更要把握好安全生产的大局，在这两个大局下，突出好工作重点，确保万无一失。安全生产是一项辛苦的工作，也是一个神圣的使命、一个光荣的事业。

（节选自 2017 年 1 月 5 日在全市烟花爆竹安全监管工作现场调度会议上的讲话，根据录音整理）

特种行业要"特别抓"

特种行业要特别抓。这几年质监、工商部门正在进行管理体制机制整合，不管机构怎么改，行业安全的监管职责不能落空、监管任务不能减轻，特种行业必须"特别抓"。

一是责任要特别明确。无论是属地管理责任、部门监管责任还是企业的主体责任（包括锅炉、油路设施等关键岗位的责任），都必须特别明确。我们要再一次认真梳理一下，看一看在责任问题上是不是还有空白点和漏洞。一旦发现，必须下决心、下力气彻底解决。

二是底子要特别清楚。泰安的特种设备使用单位有五千多家，特种设备总量达到了 36000 多台套。对这些特种设备分布在哪些行业，重点环节、重点场所、重点设备是哪些，小型锅炉、老旧压力容器在哪里、状况如何？必须清清楚楚。特别要重视有没有漏报、瞒报、不申报的问题。

三是问题要特别精准。在所有的特种设备使用行业中、在所有的特种设备上，存在哪些安全隐患和问题，要做到特别精准，精准到具体环节、具体部件。这个要求单靠市质监局的力量不可能达到，必须按照责任体系层层落实。

四是整改要特别到位。像锅炉这种设备，一出问题就是大事件，发现问题之后的整改必须特别到位，确保万无一失。

五是队伍要特别负责。从市局到县局、从执法队伍到使用单位，包括主管、分管和具体负责的同志们，都要做到特别负责。我们不能出问题、也出不起问题，特别是泰安作为旅游城市，诸多大型游乐设施一旦出问题就可能是群体性问题，所以我们这支质监队伍必须有特别的责任心，做到常抓不懈。

（节选自 2017 年 1 月 22 日在市政府安全生产月督导工作会议上的讲话，根据录音整理）

安全生产领域更要加强作风建设

安全生产尤其来不得半点虚假，因为我们稍一疏忽就会出人命。这绝不是危言耸听，而是残酷的事实，也是我们过去几年的成功经验。

要按照问题导向的原则，对我们的工作进行自我审视。

第一，在安全生产的领导问题上，有没有官僚主义之风。在我们面上，特别是一些单位，所谓的加强领导，有没有官僚主义之风？市政府给大家提出的是，你要高度重视，真重视、会重视。表现在五个方面：第一，思想上有位置。你得绷紧这个弦才行。第二，计划上有安排。你的政府常务会开不开？多少天汇报一次、研究一次？第三，工作上有行动。你确实得深入基层，深入企业，查隐患，搞整改。第四，难题上有解决。安全生产有很多难题，车辆都没有怎么来监管？怎么来应急？第五，干部上有使用。过去谁都不愿干安监，但是这几年我们形势不错，大家本着敢于负责、善于负责的精神来担当起人命关天的这项重任。好的干部有没有使用？这五有就是我们县（市、区）重视不重视的具体体现。这是我们审视的第一个方面。

第二，在安全监管方面，有没有形式主义之风。我们的监管工作应该说很有成效，但是安全生产人命关天，监管工作丝毫不能松懈。我们就要自我审视一下工作中有没有形式主义之风？某些领导机关来泰安检查工作，先看我们的记录，先看我们的资料，先看开会了没有，发了文件没有。当然这也很重要，但是下步在泰安抓安全生产，我们必须既看资料又看隐患排查治理、问题得到没得到解决。只有把问题解决了，我们才能保持平稳的局面。在目前的生产力条件下，安全生产的规律就通过不断发现问题、不断地解决问题，从而确保不出问题、至少不出大问题的过程中循环往复、向上发展。

第三，**在隐患的排查治理上，有没有机会主义之风**。特别是企业，发现了问题整改是需要成本的，是需要花钱的，特别是当前经济形势不是很好，有些企业效益上不去，但是有了隐患，我们宁肯花小钱，也得解决大问题，因为一旦出了事故，企业就得破产，就得"塌陷"。但是有些企业明明有隐患、有问题，偏偏就是抱着侥幸心理、机会主义，不去认真整改。我奉劝这些企业，今天你不去找隐患、改问题，明天事故就会来找你，这是一个个血的教训一再证明的"铁律"。所以，我们必须坚决反对在隐患排查治理上的机会主义之风。

第四，**在企业主体责任的落实上，有没有消极主义之风**。安全生产说一千道一万，企业的主体责任不落实，政府再急也是一句空话。无数事故证明，凡是发生事故的都是企业的主体责任没有落实，这是一个百分之百的真理。我们在全市开展了企业主体责任全面落实年活动，在全国首次明确了从董事长到岗位职工的 7 大类 62 项责任。到底我们的企业落实得怎么样？有没有消极主义的这种心态？有没有因为长时间不出事故而滋生的侥幸心理？我想在一部分企业甚至是为数不少的企业，还存在这些问题。老是觉得让政府花钱雇专家来给我查隐患，让政府来催着我整改隐患。这种倾向、这种消极主义之风我们要坚决纠正。

（节选自 2017 年 3 月 14 日在全市安全生产工作会议上的讲话，根据录音整理）

要无时不念、无事不挂、无人不管

省里通报的这几起事故，有三个明显的特征：

一是安全生产事故的发生由重点行业领域向不被重视的领域和区域延伸。农村盖房子，可能偶尔会出现一些情况，但是，近期济南连续两次发生了盖房过程中的坍塌事故，分别造成六人、两人死亡，我们过去重点关注的行业领域反而是比较平稳的。这种新的变化进一步印证了事故隐患无处不在，也要求我们必须毫不松懈地继续抓好每一个领域、每一个方面、每一个单位、每一个现场的安全生产工作。

二是安全生产的事故发生节点由工作链前端向后端延伸。还是以济南的事故为例，它是在施工完毕、准备撤架的时候发生了倾倒，砸死了 6 人。在前期安装、使用、施工的时候，作业人员可能更加警惕、更加重视，在拆除的时候发生了倾倒、出现了事故，说明这时候人们的安全意识、重视程度发生了变化。这种变化印证了我们一直强调的，安全生产容不得半点放松、要不得一刻疏忽，否则就会造成严重后果。

三是事故发生人由市场主体向非市场主体延伸。过去我们侧重于企业为主体的市场主体责任落实，但是像农村一家一户盖房子，施工的是庄里庄乡的小建筑队，加上农闲来帮忙的亲戚街坊，这都是约定俗成的传统。真发生了事故，谈不上什么市场主体来承担责任。这种变化警示我们，抓安全、管安全，必须到边、到沿、到底，不留死角。

由这些事故的教训，我想用三句话来进一步要求今后的安全生产，那就是"无时不念、无事不挂、无人不管"。所谓无时不念，就是时时刻刻不能忘记安全生产。目前就安全生产工作，从中央国务院到省委省政府到市委市政府，如此之空前重视，但是仍然不断出现事故，说明安全生产事故的发生是不分时间的，抓安全生产不能有什么淡季、旺季的想法，作为领导干部来讲要做到无时不念，时时刻刻不能忘记安全生产。像端午节，人民群众在过节，但是事故它不给你过节。正是因为安全生产事故是时时刻刻都可能会发生的，所以我们都有责任时时刻刻不能忘记安全生产。你忘了安全生产，安全生产事故发生的时候不会忘了你。所谓无事不挂，就是无论再简单的事情，都要分析它有没有安全生产事故风险，有风险的话怎么样预防、能不能杜绝。也就是说，今后各级党委政府的所有行动作为，都必须把安全生产放到重要位置，没有任何事情能放过，因为看似最简单的事情，都可能造成严重的后果，而且这种后果是要追责的。我们必须牢牢绷紧风险意识这根弦，对一切风险，宁肯信其有不可信其无，否则的话，安全生产看不到、想不到、管不到、治不到的问题就不会得到彻底解决。所谓无人不管，就是说安全生产涉及每一个人，必须人人齐抓共管，这是我们目前抓好安全生产的治本之策，也是未来社会文明进步的重要标志。我们大力推行"安如泰山"科学预防体系，努力让安全生产工作走在社会发展的前面，走在时代进步的前面，通过科学预防的系列手段和系统办法，杜绝安全生产"兵来将挡、水来土囤"的被动局面，让社会发展、时代进步的过程更加平稳、安全。安全生产必须进入无人不管的阶段，因为人人涉及安全生产，所以只有人人懂安全生产，人人做安全生产，人人首先保证自身的安全，全社会的安全生产才会进入新阶段。

以上是我就举一反三的问题，就拿别人的教训来弥补我们的工作经验、促使工作更上一个台阶的问题，所进行的一些思考。同志们都应该进行这样的深度思考，不要就事论事，为了开会而开会，要开动脑子，结合自身实际，不断改进工作，追求更好成效。

（节选自 2017 年 5 月 31 日在全市安全生产紧急电视会议上的讲话，根据录音整理）

以"五个严查"确保"猛虎在笼"

安全生产事故涉及人民群众生命财产安全问题，涉及经济社会的稳定问题，涉及广泛的政治影响问题。我们一而再，再而三地强调，一定要把别人的事故当成自己的教训，举一反三、未雨绸缪，才能不重蹈覆辙。比如说，临沂这次事故发生在危险化学品的装卸环节，但是我们不能仅仅研究装卸环节的问题，应该把目光延伸到整个行业的生产、使用、运输、装卸、储存全链条。同时，作为全市来讲，也不能仅仅研究危险化学品行业的问题，应该研究建筑施工、交通运输、矿山和非煤矿山等全领域的安全生产问题。作为一名领导干部尤其是分管、主管安全生产的领导干部，不要只看到别人的事故、看到别人的责任，一定要反思自己的思想有没有放松，自己的责任有没有尽到。抓安全生产最忌就事论事，更不能认为事不关己。

一、如何认识危险化学品产业

第一，从泰安区域经济发展来看，这是一个支柱产业。全市危险化学品生产、运输、经营企业近三百家。这个行业既是泰安的传统产业，也是我们的支柱产业之一，多年来对地方经济发展做出了重要贡献，这一点决不能因为安全生产事故就一笔勾销。

第二，从产业发展的角度来看，这是一个富有技术含量的产业。人类社会的现代化、文明化，离不开化工产业的支撑。我们生活的吃、穿、住、用、行等方方面面，都离不开化工产品。可以说，如果没有化工产业、化工科技的进步，人类社会就不成其为一个现代文明的社会。但是科技进步是一把双刃剑，既造福了人类，也有可能危害人类。这种危害很大程度上就体现为安全生产事故的发生。

第三，从民生事业的发展来看，这是一个造福百姓的产业。与其他产业相比，化工产业的从业人员数量、财政收入贡献、职工收入状况，都是比较高的。尤其是我们的规模以上化工企业，少则二三百人，多则上千人，解决了大量就业，富裕了若干家庭，这个成绩不能埋没，对民生事业的贡献不可替代。

第四，从安全生产管理的角度来看，这是一个必须"关在笼子里"的产业。化工产业就像一只老虎，在野外环境下它是人类生命的重大威胁；如果关在笼子里，它就不会伤害人类，反而可能供人研究和观赏，从而造福人类。道理就是如此。所以，我们对化工产业要有客观评价。如果因为我们的责任不落实、管理不到位，把"笼子"打开、把"老虎"放出来，伤害了人类，这就是我们自己的问题，不能怨到"老虎"身上。

二、如何进一步抓好危险化学品安全生产管理

进一步抓好危化品行业的管理，特别是安全生产管理，重点做到"五个严查"：

第一，要严查思想灵魂上的隐患。现在从中央到地方，对安全生产的要求是"党政同责、一岗双责、齐抓共管"。对各级领导干部来讲，人人都是责任人，没有局外人。对安全生产工作，我们到底是真重视，还是假重视？到底是会重视还是不会重视？到底是别人出了事故、领导提了要求之后才重视，还是一直都重视？需要我们进行深刻反思。在泰安，作为一名主管、分管安全生产的领导干部，我们首先是怀着对人民群众的深厚感情来主动抓这项工作，从来不是被动地抓。事实一再证明，被动抓的工作从来都抓不好。一个对安全生产不重视的领导干部，往高了讲是党性不强，往深了挖是人性不好。十八大之后，全党上下的政治生态日益风清气正。在这样好的风气中，我们必须进一步强化这种"一切为了人民"的情怀和观念，尤其要体现在为了人民群众的安全切实抓好安全生产工作上。大家要不断严查思想灵魂上的隐患，这是抓好安全生产的根本举措。思想灵魂上的隐患不除，安全生产的问题就会始终存在。

第二，要严查主体责任上的隐患。全市近两千家规模以上企业，近三百家危化品企业，企业安全生产的主体责任到底落实到什么程度？这个问题必须引起我们的高度重视。无论上级领导如何要求、各级干部怎样重视，如果企业层面当成了"耳旁风"，企业主体责任得不到落实，那么一切都将是白费，出问题也将是早晚的事。安全生产"上热下冷"已经是有些地方的顽疾。这几年来，市政府一再强调企业主体责任的问题，就是为了把工作抓在前头而不"后怕"，抓到上下同心而不能"上热下冷"。市委市政府千方百计来帮助企业落实责任、抓好安全。市委市政府已经把工作抓到这种程度，作为一个企业的负责人，无论是董事长、总经理还是实际控制人，如果仍然不落实安全生产的主体责任，该投入的资金不投、该扎的"笼子"不扎、该搞的职工培训不搞、该执行的制度不执行，那么就是无视党的领导，就是挑战政府执政权威，就对不住天、对不住地、对不住爹娘和家人、更对不住员工和他们的家人！对那些不重视、不落实安全生产的企业，我们发现一家就严肃处理一家，绝不姑息！

第三，要严查人员岗位上的隐患。任何一个安全生产事故，源头上都是一处一处小细节的忽视，都是一个一个小环节的缺失，说到底是安全生产的"最后一拃"没到位。尤其是关键岗位上的关键人员的失误，造成的将是塌天大祸。所以说，企业安全生产主体责任的落实很大程度上就是关键岗位、关键人员的责任落实。每个企业都必须严格按照国家标准和行业标准来培训、配备、管理关键岗位、关键人员，做到细心、精准、精致。人员素质合格不合格、操作流程合规不合规、精神状态正常不正常，甚至他的家庭幸福不幸福，都要做出准确的判断，进行全面的管理。我们不光在产品生产上要发挥"工匠精神"，在安全生产岗位责任落实上也要发扬"工匠精神"，精益求精、力求完美。

第四，要严查设备装置上的隐患。危化品的生产、装卸、运输、储存、使用都离不开专门的设备装置。装置用了多少年了？阀门结实不结实？泵合适不合适？锅炉正常不正常？我们都要做到心中有数，决不能凭侥幸、怕花钱，更不能因为怕花小钱而出大事。企业的董事长、总经理、实际控制人，宁可办公桌小一点、坐的车旧一点、喝的酒差一点，有隐患的设备装置必须该换的换、该修的修。现在技术进步日新月异，化工行业本身就是不断推陈出新、不断更新换代的行业，设备也必须及时升级，至少不能有安全隐患。

第五，要严查监管执法上的隐患。危化品是安监部门直接监管的行业。省政府刚刚下发了《危险化学品安全管理办法》，市安监局要组织全市化工企业的董事长、总经理和重点岗位员工进行全面学习培训。在监管过程中要进一步加大执法力度。市委市政府一直强调要打安全生产的"主动仗"。对待问题不能怕，要迎难而上、知难而进，牢牢把握住安全生产的主动权。同时要"两手抓"，一手抓安全生产的隐患排查治理，一手抓科学预防体系的建设，由原来的"兵来将挡、水来土囤"走向了科学预防的轨道。严格执法是科学预防的重要内容，也是科学预防的重要手段。安全生产不仅是涉及人民群众的生命财产安全，不仅涉及经济社会的稳定，同时也涉及巨大的政治风险。这不是危言耸听，这是把"丑话"说在前头，把道理摆在前头，把办法教在前头。我们出不起事故，企业出不起事故。

（节选自 2017 年 6 月 14 日在全市危险化学品安全生产工作会议上的讲话，根据录音整理）

安全生产要"治未病"

为官一任，造福一方，首先要保一方平安。这已经成为各级党委政府的执政能力、领导水平的重要体现。过去，计划生育、征地拆迁等是主要难题，但是现在环保、节能、安全生产越来越成为地方党委政府面临的三大主要难题，特别是安全生产，简直成了地方政府的心病、头疼病。这些年来，泰安市委市政府在抓安全生产上有一些体会：

一是带着深厚的感情去抓。作为地方党委政府必须靠自觉的这种思想和行为，带着对老百姓深厚的感情去抓安全生产，这绝不是唱高调，如果这个问题解决不了，我们安全生产工作的领导方法和推进方式，永远处于被动状态，很可能难以解决"兵来将挡、水来土囤"的局面。我们认为这是一个重大的思想认识问题，要没有这种自觉性、这种主动性，不会抓好安全生产。我们的党委政府就是带着对老百姓的深厚感情去抓安全生产，才能够有意愿去研究安全生产的规律和阶段特征。在泰安这个问题应该是得到了比较好的解决。我国经济已经进入新常态，标志是中高速增长、中高端发展；安全生产工作也已经进入新常态，而且也有两大特征，就是事故易发多发、事故能防能控。认识到这一点，我们就能够坚定抓好工作的信心。研究安全生产的规律，在现有的生产条件下，隐患治理的问题是首要问题，风险管控的问题是未雨绸缪的问题。我们现在必须要由"兵来将挡、水来土囤"的被动状态转向科学预防的正确轨道上去，做到治未病。这一条是一个重要的、感性的思想基础，也是做好这项工作一个重要前提。

二是带着科学的方法去抓。我们现在一个基本的方法就是讲究战略战术。在战略上，我们要打主动仗，对安全生产不能怕，不能因为存在的问题多就不愿去抓，也不能因为外地出了事故就不敢去抓。我们必须站在这项工作的制高点上高度重视，但是不能有畏难心理，要坚定打主动仗、打胜仗的决心。在战术上，我们就是两手抓，一手抓隐患排查治理的歼灭战，一手抓科学预防体系建设的攻坚战。打隐患排查治理的歼灭战，对所有的问题都要"地毯式"清查，分行业领域、分县（市、区）来查，看到底还存在哪些隐患。这些年来我们通过月督导的形式，把专家检查、群众监督、异地执法等方式方法都结合起来，发现什么问题就解决什么问题，先易后难、先大后小、先急后缓，确保所有问题和隐患都得以妥善解决。同时，我们把对安全生产规律的研究和把握贯彻工作始终，把科学预防作为安全生产的治本之策。2013 年以来，我们探索推进了"安如泰山"文化品牌下的地方政府安全生产科学预防体系建设。这几年一直在扎扎实实地推进。这是一个系统工程，是一个功在千秋的工程。这项工作的周期可能会比较长，但是它所带来的未来潜力、所产生的预期成效都将是巨大的。中国的安全生产必然走向科学预防的轨道，这是一个大势所趋，我们一定会坚定不移地推进这项工作。而且，通过这些年的体系建设，我们已经收到了一定成效。

三是带着有效的手段去抓。我们采取了政治的、行政的、经济的、法律的和市场的这五大手段。通过政治手段，发挥党的政治优势来解决主体责任到底落实多少的问题；通过行政手段，解决好监管的问题；通过经济手段，解决处罚的问题，而且我们定了原则，一旦发生事故，除了要提级调查，每出现事故死亡一人的，当地政府归集上交一百万，死第二个人再归集二百万，死第三个人再归集罚三百万，从而不断督促地方政府抓好安全生产；通过法律手段，解决好执法的问题，这几年来我们借鉴省里严格执法、异地执法的方法，加大了执法力度，前五个月光罚款就接近三十多万；通过市场手段，倒逼安全生产不达标的企业自动淘汰。有这五大手段，五指并拢形成重拳，坚决打赢安全生产这个主动仗、这个攻坚战。

四是带着过硬的队伍去抓。打仗必须有队伍，而且得有过硬的队伍。我们对安监队伍提出了三大定位、三个要素、三大作风。三大定位，就是安监队伍要成为"钦差大臣""平安菩萨""忠诚卫士"。"钦差大臣"，指的是我们安监队伍是代表党委政府来保卫老百姓的生命财产安全；"平安菩萨",指的是通过我们兢兢业业的工作,确保老百姓的生命安全和财产安全,同时也保证我们干部的政治安全;"忠诚卫士",就是说安监队伍要瞪起眼来,深入搞好隐患排查治理,真正成为党委政府的"忠诚卫士"、成为人民的"忠诚卫士"。三大要素,就是选一个好局长、配一个强班子、建一支铁队伍,从而确保局长坚强有力,确保班子坚强有力,确保队伍坚强有力,最终确保为安全生产提供坚强的队伍支撑。三大作风,就是勇于负责、敢于负责、善于负责,勇于负责就是不辱使命、干就干好;敢于负责就是攻坚克难、开拓局面;善于负责就是科学务求、讲究实效,包括我们研究的这个科学预防体系,是全市上下集思广益,是专家智慧、领导意志和干部的创新精神相结合的产物。有了这样一支队伍,我们才得以确保了泰安市的安全生产能够持续稳定。

五是带着扎实的作风去抓。都说要加强对安全生产的领导,到底怎么加强领导?我们提了五个标准,解决各级党委政府真重视和会重视的问题。第一,思想上有位置。书记、县长、部门负责人都必须要时刻绷紧思想上的这根弦。第二,计划上有安排。党委常委会、政府常务会要定期研究安全生产,制订执法检查的计划。第三,工作上有行动。有了计划就要执行,采取实实在在的行动。第四,问题上有解决。开展安全生产所必需的机构、人员、设施、车辆、经费等实际问题,特别是一些重大问题要得到及时、妥善的解决。第五,干部上有使用。这是确保这支铁队伍保持旺盛战斗力的重要方法。本次换届,泰安六个县(市、区)的分管县(市、区)长和安监局长,基本都得到了提拔和重用。干部干了不能白干,我们既要把最放心的同志放在最不放心的岗位上,也得创造条件让这些好干部能有更高的平台来干事创业。

(节选自 2017 年 6 月 29 日在预防重特大事故座谈会上的讲话,根据录音整理)

系统谋划高位推进化工产业安全生产转型升级

按照省委省政府的总体部署，泰安市以更加坚决的态度、更加务实的作风、更加有力的举措，迅速展开行动，全面打响化工产业安全生产转型升级攻坚战，取得了阶段性成果。

一、提高站位，凝聚全市攻坚共识

近年来，我市坚持一手抓隐患排查治理的歼灭战，一手抓科学预防体系建设的攻坚战，安全生产形势持续保持稳定，但是，安全生产不能有丝毫的麻痹大意，越是形势好，越要居安思危、警钟长鸣。化工产业作为我市的传统优势产业，多年来为泰安经济社会发展做出了不可替代的重要贡献，同时也带来了不可回避的安全风险和隐患。一是数量多。全市化工生产企业389家，其中危险化学品企业84家，另有危险品使用企业9家，油库3座，危险化学品运输企业36家，危险化学品运输车辆788辆，危险化学品经营企业846家，化工危险废物经营企业2家，拥有化工产品生产许可证的企业51家，特种设备使用企业100家。二是分布广。六个县（市、区）和泰安高新区、泰山景区辖区内都有化工企业，化工园区、集中区达到13个。四个县（市、区）是省级以上化工重点县（市、区），其中新泰市是全国化工重点县市。三是种类杂。我市化工生产企业涉及危险化工工艺过程11种，涉及重点监管的易燃易爆、有毒有害和剧毒化学品60多种，危险化学品重大危险源59处。四是设备老。企业装备水平、管理状况参差不齐，部分企业设备设施老化，管理人员、从业人员专业技术素质偏低，安全生产基层基础工作还较为薄弱。五是监管弱。一些化工园区化工专业监管力量不足，与危险化学品安全监管的任务不相称。过去五年来，化工产业安全生产仍然是我市安全生产工作的重中之重。对此，市委市政府高度重视，要求全市上下统一思想，凝聚共识，把推动化工产业安全生产转型升级作为落实省委省政府决策的政治任务，作为推进新旧动能转换的重要内容，作为实现本质安全的治本之策，下大决心，花大气力，齐心协力打好打赢这场攻坚战，彻底实现化工产业的脱胎换骨、浴火重生。

二、系统谋划，落细落实攻坚内容

在总体目标上，紧密联系我市实际，坚持自我加压、超前行动，力争利用三年时间，基本完成化工产业安全生产转型升级任务。坚持立足当前与着眼长远、严控增量与优化存量、进区入园和高端发展、强化督查落实和完善责任体系四个结合，从根本上实现安全生产严峻形势得到根本扭转、化工产业新旧动能转换步伐加快、化工产业布局更加优化合理、化工产业绿色发展水平显著提升。

在基本方法上，一是以企业为单位，一个企业一个企业地查，全面落实主体责任，尤其是排查企业七大类 62 项责任的落实情况。二是以园区为单位，一个园区一个园区地查，全面落实管理责任。三是以县（市、区）为单位，一个县（市、区）一个县（市、区）地查，全面落实属地领导责任。

在主要措施上，一是地毯式排查。按照"网格化、实名制"和"分级、属地"原则，组织相关专家、技术人员、企业管理人员、安全监管人员等成立联合检查组，对属地化工企业及在建项目进行地毯式排查，拉出化工企业、存在问题和整改措施三张清单，深入排查安全隐患，确保排查无缝隙、企业不遗漏。二是全覆盖整治。对存在一般性安全隐患的化工企业及项目，边查边改、立查立改，一时难以解决的，限期整改。对存在重大安全隐患的化工企业及项目，立即停产停工或停用相关设施设备，直至隐患消除，对非法违规建设的，立即取缔关停。三是零容忍执法。依法采取挂牌督办、行政处罚、封存设备、断水断电、吊销证照、罚款查封、信用惩戒等断然措施，确保安全生产法律法规得到严格执行，确保党委政府的执政权威得到严肃维护。四是限期式升级。提高准入门槛，严禁新上淘汰类、限制类化工项目。加快淘汰落后产能，有效化解过剩产能，逐步提高科研投入比例。用自动化控制系统改造生产存储装置，主要关键危险岗位实现"自动化减人""机器换人"。

三、精准发力，强力推进攻坚行动

按照专项行动方案部署，坚持点线面并举、多纬度切入，全面铺开专项行动，各项工作稳步推进。

第一，市县两级联动，统筹抓好属地这个"面"。市级层面，成立了市专项行动领导小组，市长担任组长，常务副市长任副组长并兼任办公室主任，确定了全市专项行动的指导思想、基本要求、工作方法和实施步骤，定标准、定责任、定机制，整体上把握工作节奏，掌控全市工作；结合"企业安全生产主体责任全面深化年"活动，强力开展全市"大快严"紧急行动，摸清了工作底数，消除了部分隐患，优化了安全环境，形成了强烈氛围，取得了阶段性成效。县（市、区）层面，除了成立领导机构、制订行动方案等规定动作外，各县（市、区）立足各自实际，采取针对性的措施办法。东平县集中开展了危险化学品"僵尸企业"专项清理活动、涉氨制冷企业专项整治"回头看"等七大专项整治活动；新泰市采取先上后下、上下联动的方式展开排查，部门摸排名单、属地查缺补漏，实现信息互通互联；宁阳县组织实施了六个专项行动；肥城市聘请专家对危化品企业、"三评级一评价"差评企业、停产企业压茬开展三轮"大快严"执法检查，查处隐患 183 处，完成整改 127 处。

第二，主管部门主推，紧紧牵住行业这条"线"。市安监部门对危险化学品生产、使用、经营、储存企业名单进行公示，严厉开展相应执法工作。共检查危化品企业 69 家次，发现各类隐患和问题 962 条，对 19 家企业的 62 条违法行为立案调查，责令 4 家企业的相关装置和设施停产或停用。市公安部门严格危化品道路运输监管，滚动式排查危化品车辆全面信息，加大对重点道路、重点时段管控力度，全市 788 辆危险化学品运输车辆均按时进行审验；排查企业 17 家，整改隐患 2 处；排查道路交通隐患 1183 处，整改

997 处。市交通运输部门细化隐患排查和整治措施，对 36 家危险货物运输企业、运输车辆，以及驾驶员、押运员、装卸管理人员，采取"户籍式"管理模式，对运输企业自查、行业检查中发现的 101 个安全隐患采取"台账式"管理模式，逐个进行整治。市经信部门对市内 8 条共 558 公里长输油气管道严格落实企业"两年定期内检、一年定期外检、每月定时技测、每日全程巡检"制度和管道保护部门"市级季度检查、县级月度检查、乡镇随机检查"制度，对重要时段、重点区域、关键环节随时抽查。市质监部门组成 17 个检查组，出动检查人员 150 人次，检查企业 62 家，排查出安全隐患 26 项，已整改 5 项，下达安全监察指令书 7 份，立案查处 4 起。市环保部门已完成 81 家涉危废物企业检查，并组织开展了整改治理工作。

第三，突出关键主体，牢牢抓住企业这个"点"。一是立即停产整改一批。运用"三评级一评价"成果，对安全、环保评级为差的 52 家企业（其中安全评级为"差"22 家，环保评级为"差"41 家）进行全面停产整顿，明确整改时间，严格验收标准。二是果断关闭淘汰一批。对限时整改仍未完成的企业一律关闭淘汰；对危险程度高、工艺装备落后、生产安全没有保障的小企业，逐一登记造册；列为"关闭淘汰"类的有序关停，依法吊销许可证。三是暂停审批涉化项目。所有化工类项目的核准或备案权限上收到市级，暂停认定化工园区，原有园区一律按新标准重新进行认定。四是暂停在建装置试车。采取"六个一律"措施严格管控，对已建成待试车的山东众瑞新材料生产项目暂停试车。五是牢固抓好全员培训。始终坚持把全员安全培训作为基础中的基础、关键中的关键，强力督促企业落实专项经费，深入开展安全生产职业教育培训、岗前培训、专业技能培训和警示教育培训，让安全生产知识技能入心入脑，成为每一名职工的自觉行为习惯。

四、着眼长远，巩固提升攻坚成果

引导企业进区入园、集聚发展，是实现化工产业安全化、集约化、规模化、高端化、绿色化的必由之路。针对全市化工园区布局零散、质效不高等问题，我们坚持规划引领、行政推动，加快推动化工企业进区入园步

238

伐。一是优化园区布局。坚持高点谋划、科学定位，制订全市化工园区规划布局方案，细化园区的相关标准，全面清理整顿现有化工园区、集中区，该清理的稳妥快速清理，该保留的全面规范提升，该规划建设的抓紧论证实施，加快构筑定位清晰、功能齐全、优势突出、辐射带动能力强的化工园区发展新格局，为产业转型升级打造优质载体。二是完善安全设施。按照化工产业安全生产特点，针对产业新趋势和安全硬要求，建立园区安全管理机制，建设环境安全防控体系，配套完善管网、道路、热电、环保、消防等基础设施。化工园区边界与居住区之间建立安全隔离带，适当设置绿化带，隔离带内不得规划建设学校、医院、居民住宅等环境敏感项目。三是抓牢涉化搬迁。加快主城区、居民集中区、自然保护区和饮用水源保护区等环境敏感区化工企业进区入园搬迁进度，落实时间表、路线图，确保快速、有序、稳妥搬迁。对不能搬迁入园的企业必须转产或关闭。加快园区内"插花"村庄、学校的搬迁进度，对需要搬迁的单位进一步排查摸底，摸清搬迁人数、所需土地资金、困难问题等，落实责任，分类施策，采取断然措施予以搬迁。

五、落实责任，确保完成攻坚任务

（一）加强组织领导，完善责任体系

抓安全生产关键在领导，核心是责任。一是进一步强化属地管理责任。严格落实主要负责人负总责和"党政同责、一岗双责"责任制，定期分析安全生产形势，及时解决重点难点问题，特别是抓好重要节点和敏感时刻的安全工作落实，切实做到守土有责、守土负责、守土尽责。二是进一步强化部门监管责任。按照"管行业必须管安全、管业务必须管安全、管生产经营必须管安全"的要求和"谁主管谁负责、谁审批谁负责、谁监管谁负责"的原则，强化对化工企业生产、流通、仓储、经营、使用等环节的监督管理和预测预防，坚决纠正监管不到位的问题。三是进一步强化企业主体责任。继续用好安全生产执法监管"五大手段"，督促企业算大账、算长远账、算良心账，确保安全生产思想认识到位、资金投入到位、设备配备到位、责任落实到位，切实提高安全保障水平和事故防范能力。

（二）加强协调配合，形成工作合力

一是切实发挥专项行动领导小组作用。研究确定好全市化工产业安全生产转型升级方向和路径，安排部署产业安全执法、整治督导专项行动，组织协调好园区规划、项目准入、企业搬迁等重大事项。二是统筹发挥好各级主观能动性。引导各级统一思想认识，增强大局观念，按照职能分工，主动作为，形成整体联动、部门协同、系统治理的工作格局。三是充分发挥新闻媒体监督作用。一方面加大对典型违法案例和重大安全隐患的曝光力度，对违法违规企业形成高压态势；一方面搞好政策解读，做好舆论引导，营造人人关注、全社会参与安全生产的良好氛围。

（三）加强督查考核，严格问责追责

一是抓督查落实。把专项行动列入专项督查范围，对没有按时间节点开展相关工作或者工作质量达不到要求的一律通报批评，严肃问责。强化督查效果，聘请高水平专业机构、专家和企业一线的行家里手参与督查，重点督查隐患排查和整改，提高发现问题、解决问题的能力。二是抓严格考核。修订完善考核评价体系，加大化工产业安全生产转型升级在各类考核中的权重，把专项行动督查结果列入全市科学发展综合考核，实行重大安全生产事故"一票否决"。三是抓严肃问责。把问责贯穿于专项行动全过程，以严肃的问责机制促进安全生产工作落实。对工作不力、行动迟缓、漏报瞒报、弄虚作假的地区和部门严肃追责；对管辖权限内的事故，既依法严肃追究企业的主体责任，也依法严肃追究地方政府和监管部门的责任，倒查追究检查人员的检查责任。

（节选自 2017 年 7 月 25 日在泰安市化工产业安全生产转型升级专项行动情况汇报会上的讲话，根据录音整理）

这个领域不存在
"无罪推定""疑罪从无"

　　分管安全生产工作这项工作，就得主动积极、不能怕，要打主动仗。作为县（市、区）分管的同志，对工作要真管、会管、管住，老出问题是不行的，因为安全生产出问题的代价是生命。

　　一是真管的问题，就是说分管的同志要深入其中，当真研究这项工作。辖区内到底有哪些问题？有哪些薄弱环节？得真动脑子、下功夫研究才行。要分清轻重缓急，先解决主要问题，以确保不出问题，至少不出大的问题。

　　二是会管的问题，就是说要讲究工作方法。要针对当前问题，面向未来发展，搞好顶层设计，进行系统策划。要抓住主要矛盾和矛盾的主要方面，当前来说就是企业主体责任落实问题。要坚持正确的理念，在政府对企业的态度上，如果在生产经营方面政府要提供周到服务的话，在安全生产方面就是依法行使权力，毫不客气。在这个问题上，我们必须要瞪起眼来，因为企业主体责任不落实，政府再怎么重视、再怎么做工作都是白费！在此我提醒大家，企业主体责任落实问题，我们宁肯信其无、不可信其有。在安全生产方面，"无罪推定""疑罪从无"是不适用的，任何一个企业在安全生产方面都有问题，关键看有没有端正的态度来查摆问题、解决问题。那些不落实主体责任的企业，漠视群众生命、破坏安全生产、影响全国稳定、挑战执政权威，发现一起就必须查处一起，必须严格追责、严厉处罚，坚决杜绝安全生产上热下冷、上紧下松、上快下慢的怪象。做到了这些，才算得上会管。

　　三是管住的问题，就是要少出问题，最好不出问题。市政府的目标是坚决不能发生较大以上事故，在工矿商贸领域实现"零死亡"。作为县

（市、区）分管的同志，一方面，要通过扎实有效的做法，努力实现不出问题，至少不出大的问题；另一方面，如果真出了问题，也不能慌乱甚至害怕，要第一时间摸清实情，采取妥善的处置办法，要将情况及时报告市安监局，确保上报的情况真实准确。

（节选自 2017 年 7 月 28 日在市政府安全生产月督导工作会议上的讲话，根据录音整理）

十大规律性特征

基于对安全生产工作的实践探索和理性思考，我们梳理了安全生产工作的十个规律性特点：

第一，任何企业都有风险，但任何事故都可以避免。 受人、机、物、环、管等各个因素影响，无论高危行业还是一般工贸企业、无论是劳动密集型还是技术密集型企业，生产过程都存在隐患风险。超前预判风险、科学进行防范，所有事故都是可以预防的。安全风险是客观存在，事故避免需要主观努力。

第二，在经济新常态下，安全生产也进入了新常态。 集中表现为事故多发易发、事故能防能控。认识到事故多发易发，可以认清安全生产形势的严峻性；认识到事故能防能控，可以坚定做好工作的信心和决心。

第三，在现有生产力条件下，安全生产管理是一个不断发现问题、不断解决问题，最终确保不出大的问题的动态过程。 "海恩法则"揭示了事故背后有征兆、征兆背后有苗头、苗头背后有隐患的道理。在当前的生产力条件下，我们必须以积极的态度来正视问题，倡导"问题"管理法，牢牢盯住薄弱环节和突出问题，才能真正变"事后处理"为"事前控制"。

第四，重特大事故多发生在重点行业领域，但是非重点行业领域也要做到全覆盖。 矿山、危化品、交通运输等重点领域，一向是重特大事故的"温床"。但近年来重特大事故呈现出由高危行业向一般行业、新兴产业延伸的倾向。抓安全生产既要把控重点，也要兼顾一般，面上的工作绝不能有任何松懈。

第五，在责任体系中，企业主体责任是带有根本性的。 政府属地责任、部门监（主）管责任是外因，企业主体责任则是内因。企业是不容置疑、责无旁贷的责任主体，责任落实的好坏决定着安全生产的成败。必须把落实企业主体责任作为抓好安全生产的"牛鼻子"，综合施策、精准用力，确保安全生产法律法规在企业的落实。

第六，在企业责任主体中，首尾两头的责任落实是致命因素。企业董事长或实际控制人是安全生产第一责任人，员工是一切生产活动的直接操作者。一旦发生事故，致伤致死的是员工，第一时间被控制的是企业责任人。两者的责任落实至关重要，是重点中的重点、核心中的核心。

第七，凡是发生的安全事故，都是责任事故。分析每一起安全事故，都不同程度地存在法律法规执行不到位、安全责任落实不到位、规章制度遵守不到位等问题，都能追究到相应的责任人、责任单位。

第八，从社会层面的影响看，对安全生产的关注度高、容忍度低。安全生产已经成为社会舆论的热点、群众关注的焦点和政府工作的难点，人民群众对安全生产的期待值和关注度越来越高，对安全生产事故的容忍度越来越低。这种落差，直接影响着党委政府执政权威。

第九，产业转型升级的倒逼式管理，成为安全生产转型升级的重要手段。通过环保、节能、质量效益、安全生产等手段，倒逼传统行业加快转型升级、高危企业有序退出市场，可以从源头上减少安全生产的风险，实现产业转型和安全升级的两结合、两促进。

第十，安全生产工作正在转向两大发展趋势。一是由"兵来将挡、水来土囤"向科学预防转变；二是由行政监管为主向依法治安转变。在两大转变驱使下，安全生产逐步走上科学化防范、法治化治理的良性轨道。

这十个规律性特征，为我们牢牢抓住工作主动权提供了理论指导和实践支撑。

（节选自2017年8月8日在泰安市安全生产工作情况汇报上的讲话，根据录音整理）

非常规措施、非常规办法

十九大意义重大，不仅是全党、全军、全国人民政治生活中的一件大事，也是国际关注、国际利益广泛涉及的一件大事。现在从中央到地方都明确了"三个一切"的要求：一切围绕十九大，一切服务十九大，一切捍卫十九大。安全生产工作如何做？如何确保党的十九大胜利召开？如何在泰安地盘上不出事、不给中央和省里惹麻烦？要以非常规措施、非常规办法，确保安全生产形势稳定。

第一，要全发动、全行动。安全生产工作已经涉及、深入到我们社会生活的方方面面。到现在为止，还有许多我们看不到、想不到、管不到、治不到的问题，说明我们的监管力度、覆盖广度和问题排查的深度还有很大差距。在十九大召开之前、从现在开始，我们必须要进行全发动、全行动，每一位领导干部都要肩负起一岗双责的重任，每一个单位都要承担起属地管理的重任，每一个主管部门都要履行好行业管理的责任，做到安全生产人人有责、安全生产涉及人人。换届之后，安全生产阵线的同志更换了不少，很多原来分管的同志现在不再分管了，几位县（市、区）安监局长调整到了其他岗位，但是这项工作的重要性、紧迫性、艰巨性没有改变，而且越来越突现出时代特色，那就是关注度高、容忍度低。哪个地方出了事故，社会上有的人抱着怀疑甚至是恶意的心态去分析、去猜测、去传播，有的甚至歪曲事实从而达到不良目的，这必须引起我们的重视。所以，十九大以前，我们必须要全发动、全行动，做到安全生产人人不例外、人人有责任。

第二，要全方位、全覆盖。就是要求政府部门的监管举措、企业的主体责任都要真真实实、确确实实地做到横到边、纵到底，把过去想不到、看不到、管不到、治不到的地方都想到、看到、管到、治到，不能有任何死角死面。如果说过去发生的一般事故还不至于引起社会太多关注的话，那么在十九大之前发生的任何一点意外，包括一个煤气罐的爆炸都可能一夜之间闻名全国。这要求我们必须在全方位、全覆盖上狠下功夫，切实做到人人有责，任何地方、任何区域都无一例外。

第三，要全领域、全行业。全领域，从工作角度来分就是：生产性领域、经营性领域、民生类领域和管理类领域。生产性领域，就是指地上、地下的生产性工矿商贸企业；经营性领域，包括商场、景区、人员密集型场所；民生性领域，主要是教育、卫生、养老、医疗机构等；管理类领域，包括社区、农村。所有这些领域都必须要涉及，因为任何领域都不是绝对保险之地，都有发生问题的可能。全行业，就是所有行业都必须进行认真清理自查，切实做到管行业必须管安全，这是法律赋予的责任，也是党性使然。要突出重点行业领域，尤其是道路交通、建筑、矿山、非煤矿山、危化品、消防等。除了这些重点行业，其他行业领域也必须纳入这种高度自觉的行动状态之中，因为从发生的事故来看，已经没有什么重点行业领域和非重点行业领域之分，我们的管理必须要做到全领域、全行业。

第四，要全清理、全整治。就像居家过日子一样，要定期打扫卫生，方方面面都要彻底清理。安全生产也是如此，必须把发现的隐患、问题、风险都彻底清除整治，来不得半点儿戏。在安全生产上，谁跟它儿戏，它就一定会"儿戏"谁，甚至让人面临灭顶之灾，这绝对不是危言耸听。所以，我们发现了问题就要采取措施进行整顿、治理。从安监部门的规范上讲，就是风险防控和隐患排查治理两道防线。风险不排除，就会形成隐患；隐患不治理，就必然造成事故。全清理、全整治，这是我们必须要打赢的一场"硬仗"。在泰安大地上，安全生产方面我们有成功的做法，个别地方也有惨痛的教训。事实一再警诫我们，有教训的地方一定就是没有认真对待的地方，就是因为监管不力、执法不到位、风险排查治理不及时而出现了问题的地方。发展绝不能以人的鲜血和生命为代价。我们要做好安全生产这项人命关天的事情，也不应当以追责为代价、以牺牲同志们的政治生命为代价。就像追求工矿商贸领域"零死亡"一样，我们也追求领导干部的"零问责"，前提是工作一定要到位，清理整治要富有成效，确保不出事故、不出问题。

第五，要全负责、全落实。任何一位领导干部、任何一个单位的负责人，都对安全生产负有责任。基于这个责任，我们必须把该落实的工作落实到位。目前来看，最大的隐患、最需要落实的问题就是企业主体责任的问题。安全生产抓到现在这个程度，如果再有企业不认真落实主体责任，那么就是漠视人的生命，就是破坏安全生产，就是影响全国稳定，就是挑战执政权威。所以，我们要一手抓监管，一手抓企业主体责任落实，解决安全生产上热下冷、上紧下松、上快下慢的问题。安全生产工作不是为了上级抓的，它是为了人民群众抓的，抓得更好一点，人民群众就更安全一分；它也是为了领导干部自己抓的，因为领导干部抓好了安全生产，就等于为自己的成长铺平了道路，为未来的发展扫清了障碍。所以说，重视安全生产、抓好安全生产是讲政治的表现，也是人性关怀的表现。

安全生产工作，我们苦口婆心地讲、翻来覆去地讲、引经据典地讲、现身说法地讲，目的只有一个，就是不出事、不出大事。今天再强调这五个方面。这五句话请大家一定要记住，这是"十全"。我们只有做到了"十全"，才能追求"十美"的效果。

（节选自 2017 年 9 月 26 日在全市迎接"十九大"安全生产工作部署暨市政府月督导工作会议上的讲话，根据录音整理）

安如泰山——我的安全生产观

安全生产是追求美好生活的首要前提

　　党的十九大对未来的美好生活进行了规划，其中一个很重要的内容，标志着中国特色社会主义进入新时代，社会的主要矛盾转换为人民日益增长的美好生活需要和不平衡不充分的发展之间的矛盾。对美好生活的需求，安全生产是首要前提。如果人的生命都不存在了，谈何美好生活？我们贯彻落实党的十九大精神，一定要在学习领会的基础上，进一步紧密结合实际来把握它的基本要义。党的十九大精神对各个行业、各个领域、各个工作的指导作用，最终都要落实到每项具体工作的具体抓法上来，这才是实实在在的贯彻落实。例如安全生产，我们就必须认识到，人民群众对美好生活的需求，安全生产是前提；没有安全生产，没有对生命的保障，美好生活就不存在。做到了这一点，才有可能实现党中央提出的"学懂、弄通、做实"六字要求。我们进一步强调安全生产工作的重要性，就是要站在党的十九大精神的新要求下，进一步提升思想认识，进而谋划好我们的工作。这几年来，我们致力于安全生产的隐患排查治理和科学预防体系的扎实推进，为今后的工作提供了良好基础。在新的时代、新的要求下，我们必须以党的十九大精神为指导，把思想认识再提升，把各项工作措施再落实，切切实实地把我们的安全生产工作抓好，确保人民生命财产的安全，真正让党的十九大精神在泰安大地落地生根。

　　要牢固树立"预"和"防"的核心理念，扎实推进"双重预防体系"建设，围绕区域风险、行业风险和企业风险实施科学预判、分级管控，在治"未病"上狠下功夫。要认真执行政府每半年、部门每季度、企业每月安全风险预判工作制度，全面排查各类安全风险点，针对排查出的风险类别和等级，将风险点逐一明确企业的管控层级，落实具体的责任单位、责

248

任人和制度管理、物理工程、在线监测、视频监控、自动化控制、应急管理等管控措施，形成"一企一册"。要加大对两个体系建设标杆企业的指导力度，通过培树典型，以点带面，促进工作开展。要加大执法力度，通过严格执法，督促各级各部门特别是生产经营单位扎实开展两个体系建设，提升事故防控能力，实现安全监管从被动应对向超前防范的转变，牢牢把握安全生产的主动权。要加大隐患排查整治力度，通过持续发现问题，持续解决问题，确保不出问题。

（节选自 2017 年 12 月 8 日在全市安全生产电视会议上的讲话，根据录音整理）

最大的民生是教育、
最好的保障是安全

就全市中小学安全工作，我再强调几个方面。

第一，最可宝贵的是孩子，最为首要的是安全

整个社会的发展是继往开来、一代接一代的过程。当前党委、政府最为重要的职责之一，就是在教育事业上确保孩子们的安全。同时，通过对孩子们的安全教育，使他们从小就具备安全意识，形成自保、自救的良好行为习惯，掌握自救、救人的有效技能，最终形成文明安全的社会生态。未来文明社会的一个重要标志就是人人讲安全、人人重安全、人人懂安全、人人保安全。对此，我们在认识上还要进一步提高。

第二，最大的民生是教育，最好的保障是安全

现在民生事业就体现在教育、医疗和社会保障上。其中，各级党委政府投入最大、倾注精力最多的工作，也是最能体现党群、干群关系的领域，就是教育。我们要把教育这一最大的民生事业发展好、把教育工作开展好，必须确保学校的安全、学生的安全和老师的安全。这是前提，也是基础。在这个认识上，我们也要高度统一。

第三，最重的责任是落实，最实的效果是安全

关键是要抓好各项措施的落实，用全市各学校的安全效果，来证明工作的到位和责任的落实。学校有其自身的特殊性，是全市大安全的重要组成部分。作为学生来讲，一是人为伤害，这是要坚决避免的；二是自然伤害，这也是要完全避免的；三是自我伤害，要求对学生的教育必须要到位。这三大伤害，在泰安市所有的学校内、包括幼儿园里都必须要杜绝。

为了抓好这项工作，我建议教育系统开展"五查"活动，作为抓好学校安全工作的具体行动。第一，要查思想。各级党委、政府，特别是教育主管部门、各学校，对学生安全工作的意识是不是绷得紧而又紧，思想上能不能做到高度重视。这要作为"五查"的第一内容。第二，要查隐患。所有学校、幼儿园必须彻底清查隐患，做到全面覆盖、不留死角。对查出的问题要登记造册，形成台账。第三，要查整改。查摆出的隐患和问题应该采取什么整治措施、什么时候整改完、整改到什么程度，都要明明白白、一清二楚，确保万无一失。第四，要查责任。要形成责任体系，包括县（市、区）政府的领导责任、教育主管部门的监管责任、学校校长的主体责任和每位老师的岗位责任，都必须落实到位、到人。第五，要查保障。人防、物防、技防、经费，都必须确确实实做到保障到位。

（节选自 2017 年 12 月 12 日在全市中小学幼儿园安全管理工作电视电话会议上的讲话，根据录音整理）

攻坚克难篇

安全生产工作要适应新时代的发展要求

抓好安全生产仍然是我们的头等大事。这项工作确确实实是群众关注度越来越高，社会容忍度越来越低。一个地方如果频繁出现安全生产事故，地方党委政府的执政能力、党群关系、社会公信力将会大打折扣。在中国进入中国特色社会主义新时代的背景下，安全生产工作应该怎么抓？具体应该包括以下几个方面：

第一，新时代社会主要矛盾的转换，为我们抓好安全生产工作提出了新要求。中国社会的主要矛盾已经转换为人民日益增长的美好生活需要和不平衡不充分的发展之间的矛盾。人民群众对美好生活的需要，最起码、最基本的是生命安全。一个安全生产事故频发、老百姓生命安全得不到基本保障的地区和社会，绝对不会是一个美好的社会。生命都得不到保障，何谈对美好生活的需要？对地方各级党委政府来讲，这种新矛盾的转换，对我们抓好安全生产工作提出了更新、更高、更严的要求，必须进一步深化认识，把思想统一到党的十九大精神上来，重新审视我们的工作，找到人民群众对美好生活的需要和安全生产之间的不平衡不充分在哪里，把具体工作统一到这个认识上来。

第二，新时代安全生产工作的目标，应该设定为近期的和远期的目标。近期目标，我们设定的是尽量少因安全生产而导致死亡，最好不死人，这是个硬指标。从实践结果来看，只要我们持续努力，追求工矿商贸领域"零死亡"的近期目标是完全可以实现的。远期目标，就是实现本质安全，促进全社会的安全文明。通过法制规范，通过文化制约，通过体制机制，通过人人讲安全、人人保安全、人人会安全，来实现社会的文明进步。在新时代，我们要设立这样的近期和远期目标。

第三，新时代安全生产的基本抓法，要继续巩固、完善、提升。从泰安来讲，我们研究的战略战术是适合新时代要求的，是符合经济社会发展规律的，也是更符合安全生产工作规律的。战略上，要打主动仗、打必胜仗，党委政府必须坚定信心，坚信我们一定能把安全生产工作抓上去，不能畏首畏尾、知难而退，更不能畏难发愁。在战术上，要坚持两手抓，一手抓隐患排查治理的歼灭战，这也是一场持久战，一天都不能放松；另一手是抓"安如泰山"科学预防体系建设的攻坚战，这是治本之策。唯有这两手抓得住、抓得紧，才能确保不出问题，至少不出大的问题。在新时代，对于这些基本抓法，我们要坚持、巩固、完善、提升。

第四，新时代安全生产的责任体系，要进一步落实、落实、再落实。这是新时代下我们抓安全生产的重要保障。主要是六个方面的责任：一是党委政府属地的领导责任。这方面我们有具体的"杠杠"，那就是"五个有"，包括思想上有位置、计划上有安排、工作上有行动、问题上有解决、干部上有使用。进一步做好这"五个有"，领导责任就能够得到基本落实。二是园区的管理责任。随着发展方式的转化、经济结构的转型，大量的企业已经进入园区，但是在安全生产上，园区管理责任不到位是突出的薄弱环节，下一步工作中要加大力度，着力解决这个问题。三是企业的主体责任。连续三年来，我们抓住企业主体责任落实不放松。市政府在全市范围企业开展了"企业主体责任全面落实年"活动，梳理明确了从董事长到岗位员工七大类、62 项责任，哪一个岗位、哪一个层级都不能放空；今年，市政府又开展了"企业主体责任全面深化年"活动，继续紧抓企业主体责任不放松；明年，市政府在前两年活动的基础上，将开展"企业主体责任全面提升年"活动，步步推进，一环扣一环、一扣紧一扣地把企业的主体责任落到实处。四是员工的岗位责任。从安全生产事故的教训来看，岗位责任不到位是导致安全生产的直接责任。凡是发生事故，要么有违法的，要么有违规的，要么就是培训不到位。所以说员工的岗位责任是重中之重。为此，我们专门开展了泰安市安全生产岗位标兵评选活动，面向的都是一线职工，每年表彰一大批，发挥在全社会的榜样标准作用。五是行业部门的主管责任。按照"管行业必须管安全，管业务必须管安全，管生产经营必须管安全"的"三个必须"要求，每个部门都负有不可推卸的重要责任，必须落实好。六是安监部门的监管责任。我们既要负责好综合监管，还要抓好直接监管行业领域的工作，必须切实负起责来。这个责任体系还需要进一步建立和完善起来，认真加以落实。

第五，新时代下的安全生产工作，最终还是要靠领导干部来肩负起这份神圣使命。领导干部要忠诚、要担当、要为民，安全生产是最直接的体现。无论是考核干部、评价干部、还是使用干部，一定要把安全生产工作作为重要的衡量标准，因为这项工作最能体现一名领导干部执政能力、为民情怀、科学发展理念。过去我们在这方面做了一些努力，下一步更要继续突出抓好。在安监队伍的建设上，我们提出了"选一个好局长、配一个强班子、建一支铁队伍"的三大要素，明确了"钦差大臣、平安菩萨、忠诚卫士"的三大定位，树立了"敢于负责、勇于负责、善于负责"的三大作风，这些都是我们加强队伍建设，为安全生产工作提供组织保障的重要方面。下一步，市委市政府还要在这方面进一步做些探讨。

（节选自 2017 年 12 月 25 日在省政府年度安全生产考核座谈会上的讲话，根据录音整理）

初见成效篇

新时代要展现新气象

随着中国特色社会主义进入新时代，安全生产也要进入新的时代，实现新的作为。我们要全面总结过去工作，以习近平新时代中国特色社会主义思想为指引，安排部署好新时代的安全生产工作：

一要有新境界。我们抓安全生产不能满足于形势平稳、不出事故，一定要站在社会主要矛盾转化的高度，站在人民群众追求美好生活的高度，进一步深化认识搞好安全生产工作的重要意义。人民群众追求美好生活，生命安全是第一位的、是基本的。如果安全生产都不能确保，生命财产都不能保障，人民群众还有什么美好生活可言？我们抓安全生产的境界一定要提升，这也是贯彻落实十九大精神的具体行动。

二要有新标准。衡量安全生产工作成效的标准不能再局限于不出事故，要拓展到企业安全管理水平的提升。通报中提到去年省属以上驻泰企业没有出现事故，为什么？就是因为管理水平高；有些县（市、区）、有些企业为什么出现问题，无非就是管理水平低下造成的。所以说，泰安所有的企业都要努力往更高的安全生产管理水平迈进，向标准化、科学化的方向发展。

三要有新手段。企业要提升安全生产管理水平，必须要有新的思路、新的战略和新的方法，要走智能制造、智能管理的智能化道路。市里已经决定把智能制造作为重点产业来大力培植，为我们的企业走智能化道路提供了有利条件。我们身边就有成功的例子，新矿集团的井下掘进面正在实现全部智能化，今年就能够达到50%的掘进面实现无人值守。企业的发展方向就应该是这样，除了研发精英、技术骨干和关键岗位之外，尽量减少一线操作人员，实现机器换人、机器减人。我们不用担心会造成就业问题，泰安的经济结构已经实现了由"二三一"到"三二一"的结构性跨越，大量的就业完全可以通过发展现代服务业来吸纳。

四要有新气象。我们抓安全生产是为了泰安的发展能有一个更好的安全环境。新时代的安全生产要有新气象，那就是在全民安全生产理念有普遍提升的基础上，全市不因安全生产事故而死人、而逮人、而处理人，实现人人讲安全、人人保安全、人人享安全。

（节选自 2018 年 2 月 26 日在全市安全生产工作会议上的讲话，根据录音整理）

安如泰山——我的安全生产观

校园安全必须是强势安全

今天我们召开这次会议，主题是校园安全，形式是警校共建，内容就是市公安局和市教育局共同下发的《警校联动，护校安园，共创文明城市》的工作方案，目标就是通过警校联动、护校安园，来实现校园安全、社会安全，为我们泰安经济社会的发展，为我省承办好上合峰会，也为下半年将要举办的庆祝改革开放四十周年系列重大活动，提供一个安全良好的环境。

随着经济的发展和社会的进步，安全越来越成为我们追求美好生活的一项重要内容。道理很简单，如果一个人的生命不再，那么一切美好生活都无从谈起。作为党委政府，抓安全工作不仅仅是党性问题，也是人品问题。我们常说要把群众利益作为我们一切工作的出发点和落脚点，安全是重要一点。

这几年来，在省委、省政府和市委、市政府的正确领导下，全市上下坚决贯彻习近平总书记关于安全生产工作的一系列重要批示和指示精神，思想上高度重视，工作上措施得力，制度建设上规范有序，特别是各级的主体责任落实到位，确保了泰安全市安全生产形势平稳发展。可以说，我们泰安的安全生产工作，在全省乃至全国都是比较好的城市。这几年来，泰安没有发生较大以上的安全生产事故，更重要的是形成了一种人人关心安全生产，人人做到安全生产，从而确保人人得到安全的一种良好的社会秩序，在泰安 7762 平方公里的大地上形成了一种好的社会文明。良好成效的取得，得益于全市上下的共同努力，也得益于我们对安全生产工作深刻把握和科学掌控，主要体现在以下几个方面：

校园安全有其特殊的意义，我们在思想上必须要深化认识。要深化思想认识，要做到强势安全。

第一，校园安全就是政治安全。中国已经全面进入一个讲政治的时代。为什么说校园安全就是政治安全？因为党中央、国务院、省委省政府、市委市政府高度重视安全工作，把人的生命放在第一位；落实习近平总书记的以人民为中心的思想，首先就要体现在对人的生命的尊重上。如果一个地方老是出问题、老是死人，那首先就是不讲政治的表现。过去信息通讯不发达，出了问题还可能不知道；现在一旦出现情况，主要领导、分管领导都得第一时间赶到现场指挥处置，否则就是讲政治不到位、责任落实不到位，就应该被追责。所以说，我们确保了校园安全，就是确保了政治安全。

第二，校园安全就是家庭安全。全市 1800 多所学校，80 多万在校学生，牵动着至少 80 多万个家庭。任何一个孩子出了事，对这个家庭都是毁灭性的打击。如果校园安全抓不好，孩子的人身安全得不到保障，每个家庭的安全就保证不了，整个社会的安全也就无从谈起。

第三，校园安全就是社会安全。家庭、学生是构成社会的基本单元、基本细胞。社会的稳定来自家庭安全、校园安全的支撑。最近外地在校园安全问题上出了一些情况，所引起的社会舆论、所造成的负面影响，是很难去修正和挽回的。所以说校园安全就是社会安全。

第四，校园安全就是未来安全。孩子是祖国的未来、是民族的未来、是社会的未来。抓好校园安全，是我们对子孙负责的一种体现，是我们对未来负责的一种体现。

第五，校园安全就是干部自身安全。这是一个很现实的问题。我们分管或者主抓这项工作，就要承担领导责任、管理责任。一旦出了问题，就要负起责任。同志们辛辛苦苦干了这么多年，因为这些事而受到处分，将是人生道路上的巨大挫折。与其提心吊胆地担惊受怕，就不如主动把工作做好，确保万无一失，来保证我们个人前途的安全。

要强化警校联防。在一定程度上，事件、事故的发生是防不胜防、出人意料的，但是我们还是要最大限度地去警醒和防范。警校联防就是一种很好的防范形式或者说手段。开展警校联防，建议要内紧外松，既要形成威慑，也不能搞得风声鹤唳、草木皆兵。让大家觉得好像出了什么大事件似的也不好。警校联防重在防范。在校园内，学校要管理好，学生要自我保护好；出了校园，警察要组织维护好秩序，值班老师和接送孩子的家长要配合好警察同志的工作，也要把各自的作用发挥好，形成全社会的立体式防范，让联防联动更加有效，确保万无一失。要未雨绸缪，提前拟定预案，一旦真有紧急情况，警、校、家长要密切配合、科学处置。

要细化隐患排查治理。对每一所学校，校园内包括校外一定范围内，现在存有哪些问题、哪些隐患，都要建档立卡，盯靠专人，严肃整改。现在有些情况的发生实际上是个别社会矛盾源的深度体现。我们不可能预料到所有的情况，但是对已经发现的隐患要切实搞好治理。同时，要持续进行隐患风险的排查，发现一个治理一个，不断发现不断治理。这一点上，各个学校要进一步引起重视，从教室、操场、食堂到教学设施、桌椅板凳、教学仪器，都要细而又细地进行认真检查，最大限度做到有备无患。

要硬化责任落实。校长是校园安全的第一责任人。身为一名校长，不光要为学校负责、为老师负责、为工作负责，更重要的是为孩子负责、为泰安的未来负责，所担负的主体责任可以说特别重大。我们对企业负责人讲主体责任落实可以说毫不留情、毫不客气，对校长们讲主体责任可以委婉一点，因为校长们整体上文化素质更高，责任心也都很强，但是道理是互通的，市政府的要求也是一致的，必须将主体责任强化、再硬化。孩子的安全问题比任何问题都更容易引起社会的高度关注，可能带来的社会负面影响会几十倍于一般的社会问题，所以我们的责任必须要进一步再落实、再强化。

要优化安全成效。我们就是一个目标，就是一个标准，也就是一句话：绝对不能出问题！为了确保这个目标的实现，警校联动联防等措施手段要进一步强化，老师、家长、学生、全社会的安全意识、防范意识、自救意识都要做到人人掌握、人人会用，形成每一个人的本能反应、自觉行为。唯有这样，我们的校园安全才能取得更好的成效。

（节选自 2018 年 5 月 4 日在"警校联动 护校安园 共创文明城市"启动大会上的讲话，根据录音整理）

初见成效篇

261

理性把握安全生产面临的宏观形势

近几年来，在党中央、国务院和省委、省政府的正确领导下，在全市各级党委政府、主管部门、监管队伍、各个企业、各个方面的共同努力下，泰安的安全生产工作保持了持续平稳的良好态势，为全市经济社会发展提供了可靠、安全的环境。主要表现在：

一是有理念。我们根据习近平总书记关于安全生产的一系列重要指示、批示精神，从安全生产工作的规律和不同时期的特点出发，结合泰安实际，形成了一系列独有理念。从面上讲，我们一再强调"科学发展是主题，安全发展是前提""转方式、调结构是主线，安全生产是底线"。从企业层面，我们告诫企业，"你可能一辈子辛辛苦苦才能建成一个企业，但也可能因为安全生产的一时疏忽，一夜之间就毁掉一个企业"，"企业在安全生产上出了事，出小事捅天、出大事塌天"。对领导干部来讲，过去安全生产没有多少人愿抓，大家都是凭着对人民群众的深情、凭着对党的忠诚、凭着个人的良好品行来抓这项工作。实践证明，被动抓和主动抓绝对不一样，所以我们激励同志们，"领导干部抓好安全生产，就是为自己的成长清除障碍，为个人的发展铺平道路"。现在我们可以欣慰地说，这几年来泰安因为安全生产而处理人，只有两起涉及科级干部，没有出现某些地方那种大批处理领导干部的现象。领导干部的成长不容易，我们抓好了安全生产，从而保证了同志们的政治生命安全。从政府层面，对企业严正表明了态度，"如果说在生产经营上政府要提供周到服务的话，那么在安全生产上政府就是要严格执法、坚决行使权力"。目前，这一系列理念可以说深入人心，进而形成了全社会的行为自觉，这应该是我们对社会的一大贡献。

二是有办法。基于科学的理念和实事求是的态度，我们采取了一系列行之有效的办法。在战略上，我们坚决打"主动仗"，抢抓主动权；在战术上，坚持两手抓，一手抓隐患排查治理的歼灭战，一手抓科学预防体系建设的攻坚战。基于对安全生产规律性的科学把握和实践经验，我们坚信中国的安全生产必然要由"兵来将挡、水来土囤"的被动局面走向科学预防之路，这是人类文明进步的规律、经济社会发展的规律和安全生产自身的规律所决定的。在具体手段上，我们采取了政治手段、经济手段、行政手段、法律手段、市场手段这"五大手段"来综合施策，确保企业安全生产主体责任的落实。我们践行"不断地发现问题、不断地解决问题，从而确保不出问题、至少不出大问题"。没人敢保证在安全生产上能做到万无一失，但是只要我们顺应规律、把握规律、按规律办事，就能赢得工作的主动权。泰安这几年的工作就证明了这一点。过去没人愿意抓安全生产，我们挺身而出挑起了这副重担，主动研究办法、研究规律、研究特点，没有辜负组织的托付。

三是有效果。就是人民群众所享受到的安定平稳的生活，就是一直没有发生较大事故的平稳局面。我们不说在哪方面要怎么样，只要保老百姓的安全、让人民群众满意，就是我们的最大成就。我们没有整天去呼天喊地、去东奔西突、去抢险施救，只要不出事，只要能让老百姓有安全感，就是我们最大的满足，就是我们最高的工作标准。

四是有创新。我们立足经济社会发展的规律、安全生产发展的规律和未来发展的趋势，在全国率先探索了"安如泰山"安全生产科学预防体系。这个体系包括 12 大子体系，是安全生产的治本之策，是由"兵来将挡、水来土囤"走向长治久安的必由之路。不一定每个企业、每个单位都要完备这 12 大子体系，但是都要有这个意识，都要明白：我们抓安全生产就像人们追求身体健康一样，不要等生了病再去开刀，平时就要注意保健、预防，这才是治本之策。这种创新是对安全生产工作的重大贡献，对那些苦于无法摆脱安全事故频发困境的地方也是一种很好的借鉴。

我们如何进一步抓好这项工作？要注重做好六个方面：

第一，总体方案。作为一个地方、一个园区或是一个行业，要按照安全生产的链条，搞一个顶层设计，厘清楚安全生产怎么抓？重点在哪里？

风险点在哪里？隐患在哪里？重点措施怎么实施？保障措施在哪里？甚至应急救援怎么办？在总体方案里都要有。

第二，**责任体系**。明确了重点任务、措施之后，具体谁来抓？谁是主体责任？谁是领导责任？谁是监管责任？谁是管理责任？谁是岗位责任？都得弄明白，不能落到空里，更不能出现责任"真空"和缺位。

第三，**管理规范**。政府和部门监管也好，各行各业的企业也好，都要按照规范去做。现在市里正推行标准化生产、标准化管理，其中就包括安全生产的标准化。省里又出台了三十多项。这些标准越来越完备，我们必须按照标准来规范管理。

第四，**问题整改**。这是核心中的核心。还是那句话，我们只有不断发现问题、不断解决问题，才能确保不出问题，至少不出大的问题。

第五，**执法检查**。安全生产有两大趋势，一个趋势是走向科学预防之路，另一个就是走向依法治安之路。这二者互为补充、互为依托。健康平稳的安全局面必须靠完善的法律和严格的执法来保障。

第六，**闭环管理**。就是说从年初到年末，作为分管、主管安全生产的领导同志，对本区域、本行业过去一年安全生产工作的情况得有个总结和回顾。我们常说安全生产只有起点、没有终点，不过对一段时期的工作我们应该做到有始有终，以体现扎实的工作作风。

泰安的安全生产已经到了一个转折期。我们抓住了主动权，基本解决了"兵来将挡、水来土囤"的问题，走上了一条健康发展的道路。但是，如果领导不重视、措施不得力、制度不落实、执法不严格、保障措施不配套，特别是问题不解决，我们还是可能会出事故、出问题。各县（市、区）、各功能区也要立足原来基础，把安全生产再梳理、再审视、再加紧、再努力，确保不出问题，为全市经济社会健康稳定大局做出更大贡献！

（节选自 2018 年 8 月 2 日在全市安全生产工作会议上的讲话，根据录音整理）

新区要有新抓法

高铁新区因高铁而兴，目前实行的运行机制、管理模式、领导体制都是一种创新，实践证明是成功的。去年，我市进行了大范围的管辖权调整，旅游经济开发区和高铁新区合二为一，拉开了新的发展框架，为旅游经济开发区和高铁新区"两区"发展奠定了良好基础，这也是市委市政府创新发展模式的一种探索。自"两区"合并以来，面对管辖范围扩大、经济社会事务管理权限合并等新情况，我们在摸索中前进、在创新中发展，积累了一系列好做法，形成了一系列新模式，积累了许多成功经验。下一步随着工作的不断深入，要继续摸索更加有效、更加科学、更加合理的方式方法，推进"两区"经济社会健康发展。

一、关于"两区"的安全生产工作

随着"两区"经济发展和社会事务不断增多，抓好安全生产的重要性也随之凸显。尤其是市委市政府决定采取"六加三"的管理模式，将"两区"作为一个大的功能区，把安全生产工作一并纳入督导、检查、考核范围。这是落实中央、省委省政府、市委市政府"党政同责、一岗双责"、安全生产工作全覆盖和建立科学管理体系的必然路径。一直以来，"两区"各项工作都走在全市前列，特别是在开发建设、经济效益等方面，创造了泰安城市建设新速度，形成了泰安城市建设新样板，这是全市人民有目共睹的。在此基础上，"两区"安全生产工作应该如何抓？"两区"党工委、管委会应该作为一项重要任务，认真研究、认真对待。"两区"从领导重视到日常监管、到重点部位管控，做得都比较到位，但也存在一些问题。这些问题的出现，与体制机制不完善和企业主体责任落实不力有很大关系。希望"两区"继续坚持问题导向，紧盯突出问题，狠抓整改落实，按照市委市政府关于安全生产的有关要求，切实做好各项工作。

一要高度重视安全生产工作。为了进一步抓好安全生产，市安委会已经采取书记、市长双主任的模式，而且进一步拓展包保制，各市委常委们包保县（市、区），副市长包保行业，这种力度是空前的。作为"两区"党工委、管委会来讲，本身是一个精简高效的领导机构，要切实做到"党政同责、一岗双责"，将安全生产工作纳入日常工作中，不能搞突击，更不能有临时观念，必须将其作为一项长期的重点任务紧紧抓在手里。

二要紧抓企业主体责任的落实。安全生产工作最根本的抓手就是各级各类企业主体责任的落实。目前"两区"没有工业企业，大部分是建筑企业、开发类企业和一些服务性企业。随着"两区"经济社会不断发展，除了对外展示现代化城市形象以外，现代服务业要不断入驻。当前的重点是抓好建筑企业和开发类企业的安全生产工作。在检查过程中，我们已经看到了企业存在的一些问题，关键原因就是企业的主体责任不到位，管理制度、管理人员配置、管理投入等方面都存在一定缺陷。希望下一步"两区"党工委、管委会要紧紧抓住企业主体责任的落实不放松，确保安全生产工作万无一失。

三要紧盯存在问题的整改。从今天开始，市里及有关部门会日常化、常态化地对"两区"的安全生产工作进行重点检查、严格督导，包括采取明察暗访的方式来查问题、找隐患。"两区"党工委、管委会也要加强对问题整改的督导，对通过自查或明察暗访发现的问题都要逐一归类、立改立行，严格按照安全生产工作的规范要求实行闭环管理，做到发现一处、解决一处，绝不讨价还价。

四要建立企业安全生产双重预防体系。按照双重预防体系的要求，"两区"的安全生产管理工作要逐步走向标准化轨道。企业双重预防体系是泰安首创并在全国推广的一条经验，核心点就是把风险识别好、把隐患整改好。这是我们泰安的创新，那么我们更要把这两个体系建设好、把作用发挥好。无论是现有企业还是新进、新注册的企业，风险识别、隐患整改的预防体系都要建立起来，这是我们的基本要求。

二、关于下一步的体制机制建设

在经济社会发展日新月异的今天，我国当前的行政管理体制、行政区划体制，在一些方面已经无法适应新时代的要求。"以人为壑""地方保护主义"都是因行政区划体制而形成的。近年来中央推行的一些国家级大战略，以及去年我市大范围的管辖权调整，都是从不同层面为打破这种行政区划壁垒所进行的尝试和努力，最终目的是形成由市场要素主导、配置资源的新格局。现在，"两区"以现代服务业为主体的城市格局已经形成，所进行的开发、建设都是为了城市发展和功能配套的需要。下一步，在功能配套完善之后，重点还是要发展现代服务业，引进和发展具备新业态、新模式的技术、人才及项目，由城市开发逐步转到项目建设上来。在此基础上，我们应该如何做？如何有利于两区发展？这是重点考虑、重点研究的问题。

首先，要研究解决旅游经济开发区和高铁新区如何实质上合二为一的问题。目前，"两区"社区拆迁改造正进行得如火如荼，所辖的群众大部分都已经或者即将从农民变成市民。下一步就要重点完善这个区域的经济功能，就近为人民群众提供足够的生产岗位，使他们能够安居乐业，获得足够的幸福感。

第二，要进一步探讨建设高效的领导体制和运行机制的问题。"两区"的班子队伍精干，机构也很精简，大多数开发建设工作都是通过平台和第三方服务等市场化方式推进。下一步，要提前谋划，研究领导体制、管理体制如何做才能更高效、更便捷、更科学、更有效的问题。

第三，要解决好区域执法权的问题。作为一个区域的管理者，只有具备了一定的行政管理权限，才能对该区域进行合法有效的管理。"两区"党工委、管委会可以与法制办共同研究一下，能否采取委托或者设立分支机构的方式，建立健全执法机构和执法力量，最终实行依法管理。在机构设置方面，可以采取"小政府大服务"的模式，为"两区"经济社会持续健康发展提供有力的组织保障和法治保障。

总之，"两区"一班同志在党工委、管委会的带领下，干部职工的精神风貌好，快速发展的城市风貌好，体现了泰山速度、高铁速度。希望"两区"继续落实好安全生产责任，打好攻坚战，确保不出任何问题。

（节选自 2018 年 9 月 25 日在泰安旅游经济开发区、高铁新区安全生产工作督导会议上的讲话，根据录音整理）

安如泰山——我的安全生产观

巩固提高篇

力戒形式主义和官僚主义

2019 年 1 月 21 日，习近平总书记在中央党校省部级主要领导干部专题研讨班开班式上作了重要讲话，主题是对全党发出号召，防范化解各类风险，全面落实各项工作任务。我们必须结合贯彻习近平总书记讲话精神，进一步统一大家思想认识，对防范化解风险形成共识。对于防范和化解风险的重要意义，应从这几个方面认识：

第一，科学防范风险和妥善化解风险已经成为党委政府的一项基本职责。党委政府在推进地方的发展过程中承担着很多职责，面临着繁重任务，但是各类风险的防范和化解已经形成基本职责。"为官一任"要"造福一方"，也就必须要"保一方平安"，这一点习近平总书记从党和国家顶层设计的高度上再一次进行了明确。

第二，科学防范风险和妥善化解风险已经成为党委政府全局工作中一项基本任务。省委部署了一系列全局性的重要工作、重点任务，比如新旧动能转换、乡村振兴、经略海洋、民生事业等。在这些全局工作中，每项工作都隐含着风险的存在，只有防范化解好风险，各项重点工作才能够顺利进行。风险伴随在我们工作的全过程，追求高质量发展的过程就是防范和化解风险的过程，这是符合辩证规律，也符合事物发展规律的。这一认识我们需要进一步统一。

第三，科学防范风险和妥善化解风险已经成为各级领导干部一项基本能力。中央提出了好干部的五项标准，那就是信念坚定、为民服务、勤政务实、敢于担当、清正廉洁，基本要求是忠诚、干净、担当。习近平总书记提出的基本要求，特别是十九大提出的八种本领中，就包含着领导干部应该具备防范风险和化解风险这项基本能力。在座各位同志很多都从事安

271

全生产工作多年，从另一个角度来看，这对我们的锻炼和成长是一种很好的完善和补充。对于科学防范风险和妥善化解风险，我们必须要提高认识，不断提升能力。

第四，科学防范风险和妥善化解风险必然成为科学发展和高质量发展成效的一项基本评价。我们现在正在走高质量发展之路，产业体系的优化、新企业新模式的大量培育和成长，更要求不能出风险问题，特别是在经济领域，金融风险、安全生产风险的防范尤为重要。科学防范风险和妥善化解风险必定会成为衡量科学发展和高质量发展成效的一项基本评价，我们一定要树立起这种底线思维。

总之，作为一名党员领导干部，对于习近平总书记讲话精神一定要进行深入学习和思考，结合本职工作认真进行创造性地贯彻和落实，这是中央强调的要学懂、弄通、落实的基本路径。

2018 年是泰安安全生产发展史上的标志性一年。回顾泰安近些年来的安全生产工作，主要经历了三个阶段：第一阶段是 2012 年之前，这是忙于解决隐患和事故的阶段，整体工作尚停留在"兵来将挡、水来土囤""头痛医头、脚痛医脚"的层次；第二个阶段从 2013 年到 2017 年，是探讨安全生产发展规律、牢牢掌握主动权，推进科学预防治本的阶段；第三个阶段从 2018 年开始，是全面总结经验教训，迈向城市安全发展的标志年。主要有以下几个标志：一是市委市政府研究了城市安全发展实施意见，在科学预防的基础上进行了全面提升；二是"放管服"改革的推进，按照"放就放到底、管就管到边、服就立体化"的改革精神，把行政审批管理权力按照有关规定进行了下放和改革，为政府行使权力、管好权力、服务好基层群众和企业开辟了崭新道路；三是机构改革，安全生产管理部门整合相关资源，成为政府应急管理部门，职能更广了，队伍更庞大了，任务也更艰巨了，这就要求必须探讨新时代应急管理的新路径、新方法。

在一些招商引资的重要场合，介绍泰安的时候一般就用"高、中、低、好"这四个字让外地的朋友来更好地了解泰安。高，就是泰安泰山这座高山、有一批高校、有一批高新技术企业、有全省最高的森林覆盖率；中，就是我们泰安的人口总量、经济规模、发展速度、区位优势在山东都处于中等、中速、中档、中部；低，就是低碳、低污、低耗、低事故；好，就是山好、水好、人更好。记住这四个字，对泰安就有了直观的了解，特别是低事故，充分体现了泰安各级党委政府高度的政治站位、科学的工作方法、严格的执法程序、升级的产业体系、各级干部无私的奉献精神这五个特点。

最近，中央、省、市先后召开了纪委全委会，重点就是要抓形式主义和官僚主义的问题。现在已经从治理"不作为、不担当"问题推进到"如何作为好、如何担当好"的问题上来，任何形式主义、官僚主义作风和行为都要不得。所谓形式主义，就是脱离实际；所谓官僚主义，就是脱离群众；形式主义也是官僚主义。我们抓安全生产和应急管理工作，尤其要力戒形式主义和官僚主义，因为这项工作本身就决定了不能有半点形式主义和官僚主义，稍微一点疏忽就可能会酿成大事故。因此，我们要结合自身工作，继续采取倒逼机制，进一步完善工作措施，提升工作实效，切实防范和化解好各类问题。

（节选自 2019 年 1 月 23 日在市政府月督导危险化学品工作会议上的讲话，根据录音整理）

巩固提高篇

勇做泰山"挑山工"

近年来，泰安的安全生产工作保持了平稳发展的良好态势。回顾过去十年，大体经历了三个阶段：第一阶段是十八大之前，处于一种"兵来将挡、水来土囤"、疲于奔命抢险的被动局面，其间既有让人震惊的重特大事故，也有频发的一般事故和较大事故，严重危及了人民群众生命财产安全。其中原因是多方面的，造成的后果和影响是严重的。第二阶段是十八大之后，我们站在安全生产大局和规律性的高度，探索了"安如泰山"安全生产科学预防体系，坚持走治本之路，一手抓隐患的排查治理，一手抓事故的科学预防，取得了明显成效。这几年来，我市没有发生较大及以上事故。一年、两年不发生较大事故，可能是凭侥幸；三年、五年不发生较大事故，可能既有侥幸因素又有工作原因；五年、八年都没有出大的问题，我们的历史担当和工作落实起了主导作用。在这一阶段，全市各级包括各个企业对泰安的安全生产做出了重大贡献。这种贡献既是对人民群众的贡献，也是对党的形象、党的执政基础的贡献。第三阶段是十九大之后，我们在科学预防体系建设的基础上，研究了城市安全发展的问题，使整个安全生产工作又上升了一个层次。最终目的是通过科学的顶层设计和不断创新的工作方法，不断改进、提升工作水平，以确保泰安这一方平安，确保泰安百姓的平安，同时也为全国其他地方特别是频发事故的地方提供一些可以借鉴的工作做法。我们从来不谈经验，不谈成绩，说得是客观的事实现象，是科学的工作方法，是泰山"挑山工"的精神。

一、要稳思想，在稳思想中解放思想

中央定的总基调是稳中求进，这是对政治形势、经济形势、社会形势的基本把握，地方党委政府必须深刻领会、准确把握。如何做到稳思想：第一，要提高政治站位。牢固树立"四个意识"，增强"四个自信"，做到"两个维护"。第二，要把握发展大局。当领导干部必须有大局观念。有了大局观念才能把握大局，才能在大局中找到位置，才能把工作做好。山东的大局，2017 年是深入调研之年，2018 年是顶层设计、排兵布阵之年，2019 年是担当作为、狠抓落实之年。泰安的大局，最大最重要的就是弘扬新时代泰山"挑山工"精神，把各项工作落到实处、取得实效。第三，要掌控工作主动。要牢牢把握本市、本县、本单位工作的主动权。就像对安全生产，市委、市政府从没有畏难发愁，而是知难而进、迎难而上、攻坚克难，从战略上牢牢把握主动权。各县（市、区）、各部门单位、各行业、各企业，一定要牢牢地把主动权掌握在自己手中，这是对各级领导干部的考验。第四，要保持思想定力。尤其是各级领导班子要保有思想定力。我们可能会遇到一些复杂的情况、急难险重的问题，但是作为主要负责同志、作为一级领导班子，一定要保有定力，做到处变不惊，才能够以不变应万变，妥善处理好各种问题。

在稳思想中要做到解放思想。解放思想是永无止境的。我们的干部要做到解放思想，必须要强化市场化的意识、产业化的意识、融合化的意识、国际化的意识。第一，要强化市场化的意识。市场化意识，就是要用市场化的理念来认识工作、把握问题、推进发展。在发展经济的过程中，我们会遇到这样那样的问题，其中有很多问题用老套路、老办法是解决不了的。市场化的理念会促使我们不断创新手段，研究解决问题的新办法。第二，要强化产业化的意识。产业化是经济发展的未来趋势，过去，我们往往满足于上项目，但是这个项目可能只是某一个行业的一个产业链的一个环节，产业化的规模效应、链式反应都没有形成。如果没有产业化意识，就不能形成产业链，更不能形成产业集群。所以，必须树立产业化的理念，不仅仅是要上一个一个的项目，而是要通过上项目来延伸产业链，进而形成新的产业集群，实现产业经济的大发展。第三，要强化融合化的意识。现在已经是互联网无所不"＋"的时代，信息互通、万物互联，看上去"八竿子打不着"的事，都会发现其内在联系。可以说，一些跨界融合产生的反应让人想都想不到。在这样的时代，我们党员领导干部可能对一些新生事物暂时不理解、不明白，但是决不能因为这种不理解而耽误和影响了新业态、新模式的成长。培植双"五十强"企业是市委市政府抓经济工作的重要举措，其中领军企业"五十强"要走做大做强的路子，而创新企业"五十强"要的是新模式、新业态。打个比喻，培养创新"五十强"就像在培养牙牙学语、蹒跚学步的孩子一样，让他们茁壮成长，成为支撑泰安未来发展的新生力量。如果不这样抓，我们的产业升级、经济转型都将是空话。

第四，要强化国际化的意识。泰安具备国际化的条件。我们的旅游产业每年有几千万人次的过境旅客，有500多万进山游客，其中境外游客有50多万。这些就是泰安旅游走向国际化的坚实基础。在努力壮大旅游产业规模的同时，我们也要不断优化旅游业的结构、业态，让更多的优质、高端客户到泰安来。

二、要稳增长，在稳增长中坚定走高质量发展之路

当前总的基调就是稳中求进。对此，我们要客观认识到：第一，这是大势所趋。从全国看，宏观经济由高速增长转向中速高质量增长，为优化产业结构、淘汰落后产能赢取空间。第二，这是实事求是。要坚持实事求是的思想路线，把过去一些不够实事求是的虚数、水分逐步消除。目前的办法就是适度控制增幅，依靠新的增量来填充"欠账"。第三，这是政策使然。这几年来，中央出台了一系列优惠政策，大力减税降费。长期来看，这些政策措施有利于地方经济的长期健康发展，不过对统计指标的直接影响也是客观存在的。第四，这是统计口径、统计制度的调整所致。按照过去的统计制度和口径，一些大企业所有的数据都统计在泰安。现在情况发生了变化，像新矿集团，过去可以有600多亿的主营业务收入数据体现在泰安，现在只有100多亿，拉低了全市的指标水平。要把握好全市大局，客观分析问题，正确认识指标下降的事实。我们必须坚定不移走高质量发展之路。现在虽然速度降下来了，但是整体经济结构实实在在得以优化了。一定要认清大势、把握大局、坚定信心，为泰安的高质量发展做出新的更大贡献。

三、要稳企业，在稳企业中更加突出安全第一和质量效益

稳企业，对于政府和企业来讲，应当是双方的、相互的、协同的。作为政府，一要稳要素。土地、金融、人才等要素必须保障，尤其是政府承诺了的一定要兑现。市政府重点解决银行不敢贷、不愿贷、不能贷的问题；今年的土地工作要向实体经济集中、向民生事业集中、向公共设施服务集中、向重大基础设施集中。无论指标再怎么稀缺，这几个方面的用地要首先保障。二要稳政策。政府要了解企业，企业也应当了解政府，特别是充分了解政府出台、颁布的政策。像省政府支持实体经济高质量发展的45条，市里也出台了配套政策；包括泰安创新性出台的人才"金十条"，目前已经为各类人才和创新创业团队兑现了四千万元的扶持资金，这在全省都是力度比较大的；包括市委市政府支持民营经济发展的20条意见，条条都是"真金白银"。扶持企业的政策要精准，企业了解政府也要精确。哪些是企业想要的，哪些是企业能享受的，都要清楚明确，保持连续性。三要稳环境。我们必须有一个不断改善、持续稳定的营商环境。率先成立了市级行政审批服务局，"贴心代办、一次办好"的改革经验在全省推广。四要稳服务。政府对企业要有一个鲜明的态度。我们既要提供热情周到的服务，也要实行严格规范的管理，片面强调哪一方面都不行。为企业服务上，政府要急企业之所急、应企业之所求、解企业之所难。我们在这方面会做得越来越好，下一步还将继续改进。作为企业，一要稳安全。企业的生产经营要确保安全，不能出问题，更不能出事故。这关系着员工的生命，关系着企业主的身家，最终是追究有关人员法律责任的问题，是企业倾家荡产的问题。二要稳市场。市场是企业的生命，没有稳定的市场，企业的生存、发展都无从谈起。所以企业必须想方设法开拓市场，政府也应依法合规提供帮助。三要稳收入。企业要强化内部管理和成本控制，处理好融资、运营、现金流等重点问题，实现企业的稳定收益、职工的稳定收入和地方的稳定税收。四要稳员工。无论企业经营形势好还是坏，员工的利益要首先确保，职工队伍必须首先稳住。总之，政府做到了稳要素、稳政策、稳环境、稳服务，企业做到了稳安全、稳市场、稳收入、稳员工，政企联手形

成合力，体现安全第一和质量效益，我们泰安才能稳如泰山。

四、要稳队伍，在稳队伍中弘扬好新时代泰山"挑山工"精神

泰安是一方宝地和热土，我们为生活工作在泰山脚下而感到自豪。2018年6月14日习近平总书记视察山东时，第一次提出要弘扬新时代泰山"挑山工"精神，以永不懈怠的精神状态和一往无前的奋斗姿态，勇做新时代泰山"挑山工"。泰安作为泰山挑山工的发源地，更要勇当新时代的泰山"挑山工"。第一，要明确使命。泰安7762平方公里大地的安定、泰安560万老百姓的平安，这就是我们的使命担当。第二，要明确重点。市委成立了产业经济、乡村振兴、城市建设、文化旅游和党的建设五大工作组。围绕推进这五大工作组的工作，又成立了协调办公室，崔洪刚书记亲自担任办公室主任。市委的导向很明确，这五大方面就是各个县（市、区）、各个部门必须围绕抓好的重点工作。第三，要明确落实措施。现在光说不做的少了，只做不说的也不多，主要是说到做不到的多。我们要说到做到，把各项措施落到实处。第四，要明确实际成效。我们践行使命、围绕重点，最终能干到什么程度？达到什么样的目标？都将体现在我们实实在在的工作成效上。

五、要稳局面，在稳大局中开创工作的新局面

从大的方面讲，第一，要确保安全生产形势的持续稳定。每个县（市、区）、每个行业主管部门、每个企业，都必须按照市委市政府的要求，做到安全监管横到边、纵到底；都要按照双重预防体系的要求，把工作做扎实，确保不出问题。我们的目标是实现工矿商贸领域"零死亡"，是坚决不能发生较大以上事故。第二，要坚决打赢三大攻坚战。脱贫攻坚、环境保护和金融风险防范这三大攻坚战，是中央确定的三大重点任务，我们要坚决落实好。第三，要抓好"两头"带好"中间"。所谓抓两头带中间，就是抓住创新点和风险点，实现整体工作的均衡发展。我们每个部门和单位都要积极挖掘各自的创新点，力争走在全国全省前列，也要把稳重要的风险点，确保不出问题。第四，要为官一任、造福一方。这短短的八个字，可以是

一个最低要求，也可以是一个最高要求，就看我们在思想上如何认识、行动上如何落实、成效上如何展现。

（节选自 2019 年 3 月 6 日在全市安全生产工作会议上的讲话，根据录音整理）

应急管理工作就是要防得住、救得好

党的十九大之后，根据国际国内的形势，根据各行各业的需求，根据全民安全生产意识增强的需要，决定了必须要成立应急管理部门。

各级应急管理部门都有"三定"方案，明确了职责定位，基本的就是在全新意义的安全生产职能之上再加应急管理职能。就是以安全生产为基本盘，再强化应急救援能力，目标就是防得住、救得好。防得住，就是尽量不出事，至少不能出大事。我们这几年致力于探索"安如泰山"科学预防体系建设，就是在追求这个目标。救得好，就是一旦出了问题了，要把损失特别是对人民群众的生命伤害降到最低。我们分管的同志和从事这项工作的同志，一定要把握要领和关键。

进入了新时代，应急管理工作要开创新局面。怎么样算是开创了新局面？我们先确立自己的标准，有四个方面：

一是把保安全、会应急作为政治站位高不高的标准。分管的和从事这项工作的，乃至于各级党委政府，都有保安全、会应急的职责。履行好这个职责，就是增强"四个意识"、坚定"四个自信"、做到"两个维护"的具体体现。增强"四个意识"、坚定"四个自信"、做到"两个维护"，这不是一句空话，必须落实到具体任务、具体工作上。能不能做到保安全、会应急，就是我们政治站位高不高的标准。

二是把保安全、会应急作为经济社会高质量发展好不好的标准。泰安经济社会发展质量到底好不好？安全生产不出大的问题，或者是虽然出了问题但是我们能够处理得很好，就体现了我们的高质量发展。一个地方经济社会高质量发展的标志，在某种程度上看安全生产怎么样，看应急管理怎么样。绝对不能说一个 GDP 很高、财政收入很高，但总是出事故死人的地方是高质量发展的地方。所以，我们要把保安全、会应急，作为泰安是不是高质量发展的重要标准。

三是把保安全、会应急作为人民群众幸福感强不强的标准。现在看我们这个社会，政治上风清气正，环境上蓝天白日，人文、生态、社会等方方面面都已经发生了质的变化，人民的幸福感越来越强。这是党的十八大以来，党中央带领全国人民共同努力的结果。十九大报告中，习近平总书记明确提出，我国社会的主要矛盾已经是人民日益增长的美好生活需要和不平衡不充分的发展之间的矛盾。那么怎么是不平衡不充分？老是出事故或者出了灾害却救不好，这就是不平衡不充分的表现之一，它直接影响了人民群众对美好生活的追求。如果连生命安全都保不住，还谈什么幸福感！安全有保障，应该是人民群众一个基本的幸福感。

四是把保安全、会应急作为衡量各级干部能力硬不硬的标准。党的十九大把防范风险放在重要地位。在省部级主要领导干部培训班上，习近平总书记重点讲了防范和化解重大风险的问题。防范化解重大风险是各级党委政府的一项基本职责，是各级党委政府的一项基本任务，是各级领导干部的一项基本能力。在泰安一定要把保安全、会应急作为衡量领导干部能力硬不硬的一个标准。当泰山"挑山工"，身板得硬、得靠得住才行，打软腿、瞎晃荡，啥事干不成，丢的是组织的人，愧对的是群众的期盼，辜负的是时代的要求。这四条标准，就作为新时代开创应急管理工作的标准。

（节选自2019年6月10日在市应急管理局挂牌成立大会上的讲话，根据录音整理）

巩固提高篇

把最放心的人放在最不放心的岗位上

要把最放心的人放在最不放心的岗位上。回顾这些年来抓安全生产的工作，我总结了这么几个方面：

一、要尽忠尽德

忠，是对组织、对人民群众、对事业的无限忠诚；德，体现的是党性觉悟和人品道德。抓安全生产，如果没有忠、没有德，是绝对抓不好的。

2013 年包括之后几年，全国、全省的安全生产形势可以说是狼烟四起、事故频发；尤其在山东，往往祸不单行，一出事儿就连着出。基于当时的形势，加上动辄问责处理人的做法，那时候没人愿意、也没人敢于分管安全生产。这就形成一个怪圈，越没人愿意管就越管不好，越管不好就越出事，就更没人愿意管。当时安监系统的同志们都已经有些灰心丧志、士气低落。为了扭转这种状况，省里准备出台规定，由市长担任市安委会主任，而且已经有四个市采取了这种模式。当时我就建议，既然让我分管，我就勇于挑起这个担子，只要省里没有明确规定，就由我来担任市安委会主任。从那时候开始，我们整个队伍精神面貌就开始改变，这就是对党的忠诚、对人民群众的忠诚、对事业的忠诚，也是我们党性和人品的集中体现。

我们始终是满怀对人民群众的深情去抓安全生产，这是我们最基本的经验。所以说，尽忠尽德是我们的坚守，是底线。

二、要尽职尽责

安监系统、应急管理系统，守护着人民群众的生命财产安全，这是天职。这些年来，为了抓好安全生产，我们几乎穷尽了一切手段，而且在不断创新、不断进步。比说我们坚持了七年的月督导工作制度，我提出来月督导就是查问题，先请专家查，有什么问题就摆到桌面上，有什么事就限期整改。一开始大家还不大能接受，认为面子上"挂"不住，所以我就到我老家东平去做工作，在东平召开了全市第一次月督导会议，蹚开了一条新路。开门见山就是发现了什么问题、在哪里发现的、是哪个企业的问题、什么时间必须整改完，等等。从此以后，泰安的安全生产工作算是迈入了新的阶段、打开了新的局面。隐患问题排查不出来、整改不了，我们睡觉都睡不好！必须通过扎扎实实的工作去不断发现问题，不断解决问题，才能确保持续不出问题。后来我提出了三句话：一天天地干，一月月地看，一年年地盼。唯有这样，我们才算是真正做到了尽职尽责，泰安大地才能安全平稳、才能国泰民安。

三、要尽心尽力

作为一名干部，特别是党员领导干部，尽职尽责是基本要求，尽心尽力才是高标准严要求。在某种程度说，咱们干的是个良心活。在正常的工作时间之外，是不是仍然在谋划工作、思考问题？任何制度都没有这方面的规定要求，但是确确实实有一大批领导干部是这样做的，所谓尽心尽力无过于此了。我们在实践中归纳了安全生产的规律，在当前生产力条件下，安全生产就是一个不断地发现问题，不断地解决问题，进而确保不出大问题的过程。从这个规律出发，我们创新性地构建了基于"安如泰山"文化品牌下的地方政府安全生产科学预防体系，包括 12 项子体系，这在全国是首创。我们尽心尽力地研究规律，把握了规律，才得以掌控了工作的主动权。

四、要尽敛尽廉

敛，是内敛的敛；廉，是廉洁的廉。在全面从严治党的今天，安监队伍必须更加严格自我要求。这支队伍如何来建设，如何来管理，如何更好地发挥作用？我们有三大定位：钦差大臣、平安菩萨、忠诚卫士。所谓钦差大臣，就是代表党委政府来行使人民赋予的权力，守护人民群众的生命财产安全，这是我们的神圣职责；所谓平安菩萨，就是通过我们的工作来确保人民群众的平安；所谓忠诚卫士，就是我们一定要严格执法，捍卫法律的尊严，捍卫人的尊严，捍卫公职的尊严。我们有三大精神：勇于负责、敢于负责、善于负责。勇于负责是使命，我们必须得肩负起来；敢于负责是担当，面对困难我们绝不退却；善于负责是科学的方法，我们既要敢抓也得会抓。

五、要尽善尽美

从事安全生产，必须得追求工作高质量、领导高水平、人生高境界。组织既然让我们承担这个工作、担任一定的领导职务、享受一定待遇，我们就必须担当好。有的领导干部，一遇到问题就手足无措。我想在泰安，尤其是在安全生产领域，不存在这样的问题。我们做到了镇定自若、从容不迫、胸有定力，因为我们脑中有党性、心中有百姓、手上有办法。我们为什么要研究安全生产的规律，从兵来将挡水来土囤到科学预防到安全城市发展？这就是在追求高质量、高水平、高境界。截止到今天，我们可以说做到了心中无愧，向组织、向人民群众交了一份满意的答卷。

尽忠尽德、尽职尽责、尽心尽力、尽敛尽廉和尽善尽美，应该作为我们的不懈追求。当然，我们也要看到工作中仍然存有的问题，像主体责任不落实的问题、科技进步不均衡的问题、制度法规不完善的问题，等等。所以说，安全生产永远在路上，永远不能掉以轻心，永远要牢牢记在心里、紧紧抓在手上。要以我们的忠诚和担当进一步向组织、向人民群众交出一份更加优异的答卷！

（节选自 2019 年 8 月 23 日在全市安全生产工作会议上的讲话，根据录音整理）